Kamal Shaltout
Tarek Galal

Ecossistema da Zona Húmida da Manzala

Kamal Shaltout
Tarek Galal

Ecossistema da Zona Húmida da Manzala

Aspectos Ecológicos, Biológicos e de Conservação

ScienciaScripts

Imprint

Any brand names and product names mentioned in this book are subject to trademark, brand or patent protection and are trademarks or registered trademarks of their respective holders. The use of brand names, product names, common names, trade names, product descriptions etc. even without a particular marking in this work is in no way to be construed to mean that such names may be regarded as unrestricted in respect of trademark and brand protection legislation and could thus be used by anyone.

Cover image: www.ingimage.com

This book is a translation from the original published under ISBN 978-613-4-90835-1.

Publisher:
Sciencia Scripts
is a trademark of
Dodo Books Indian Ocean Ltd. and OmniScriptum S.R.L publishing group

120 High Road, East Finchley, London, N2 9ED, United Kingdom
Str. Armeneasca 28/1, office 1, Chisinau MD-2012, Republic of Moldova, Europe
Printed at: see last page
ISBN: 978-620-8-09721-9

Conteúdo

RESUMO EXECUTIVO

Este livro trata dos aspectos ecológicos, biológicos e de conservação do ecossistema do pântano de Manzala, o maior lago ao longo da costa mediterrânica do Egito. Inclui a geografia, a morfometria, a climatologia e as caraterísticas da água do lago; e apresenta a sua biota, incluindo a flora e a vegetação, o fitoplâncton, o zooplâncton, a fauna bentónica, os mamíferos, os anfíbios e os répteis, as aves e os peixes. É apresentado por um sumário executivo e uma introdução e termina com as principais ameaças ao ecossistema, algumas medidas de conservação e recomendações, uma lista de referências e um resumo em árabe.

O lago Manzala tem um comprimento máximo de 65 km e uma largura máxima de 49 km, com uma área total de 1200 km^2 . A área original era superior a 1700 km^2 em 1900. A temperatura média anual do ar varia entre 19,6 e 21,1º C, a humidade relativa entre 72 e 68%, a taxa de evaporação entre 4,1 e 6,0 mm dia^{-1} e a precipitação anual entre 8,9 e 6,1 mm mês^{-1} em Damietta e Port Said, respetivamente. Verifica-se um aumento da eutrofização da massa de água deste lago em resultado da descarga excessiva de águas residuais através dos esgotos do sul. Os níveis de fosfato e nitrato na água aumentaram cerca de três a quatro vezes, enquanto as concentrações de oxigénio diminuíram cerca de 1/3 na parte sul do lago. A salinidade média diminuiu de 9 g l^{-1} em 1962 para cerca de 2,9 g l^{-1} em 1980.

Um total de 144 espécies de plantas vasculares (62 anuais e 82 perenes) pertencentes a 107 géneros e 47 famílias foram registadas nesta zona húmida; 2 das quais estão em perigo (*Nymphaea lotus* e *Nymphaea caerulea*), uma é indeterminada (*Lobularia arabica*) e outra é rara (*Juncus bufonius*). Por outro lado, foram registadas cerca de 383 espécies de fitoplâncton (das quais 252 Bacillariophytes, 70 Chlorophytes e 49 Cyanophytes) na sua massa de água.

Foram identificados no lago Manzala 24 taxa de zooplâncton representados por géneros, espécies ou estádios de desenvolvimento. Destes, 3 géneros representavam 75 % do número total de zooplâncton (*Cladocerous, Diaphanosoma*, *Bosmina* e *Moina*). Além disso, foram registadas 23 espécies na fauna bentónica: 15 espécies representadas por bivalves e moluscos gastrópodes, 2 espécies de anelídeos e 6 espécies de artrópodes. Foram também registadas 12 espécies de mamíferos, 3 de anfíbios e 17 de répteis.

Embora não exista uma lista de verificação da avifauna do lago Manzala, é de esperar que o seu número se situe entre as 112 espécies registadas no lago Burullus e as 242 espécies registadas no lago Bardawil. De um modo geral, o lago Manzala é um importante local de reprodução para um grande número de andorinhas-do-mar, guarda-rios, tarambola-de-Kentish, tarambola-esportiva, toutinegra-graciosa, noitibó-do-Egito, abetarda, galinha-de-bico-vermelho, papa-moscas-de-coleira e toutinegra-dos-caniços.

A zona húmida da Manzala pertencia inteiramente à categoria de enriquecimento moderado, onde a produção estimada de peixe era de cerca de 190 kg ha^{-1} . O sector sul deste lago (cerca de 23% da sua área total) é considerado um excelente exemplo da categoria de enriquecimento ultra, onde o rendimento potencial estimado era de cerca de 2000 kg ha^{-1} . O aumento da carga de nutrientes das fontes de água de drenagem para o lago elevou o seu rendimento total para 74 000 toneladas por ano^{-1} (censo de 2000), pelo que é considerado o lago mais produtivo do Egito. A contribuição das tilápias para a pesca no lago aumentou nos últimos anos, enquanto os valiosos peixes marinhos diminuíram.

A população da zona húmida de Manzala habita diferentes povoações que variam entre 10000 pessoas e lotes familiares. A pressão populacional crescente verifica-se nas povoações das áreas recuperadas do lago ou ao longo dos canais de drenagem (por exemplo, Bahr El-Bakar). As actividades de pesca cobrem cerca de 70% da área, a agricultura representa apenas 5%, enquanto quase um quarto é essencialmente inexplorado. A Hosha, como forma de pesca fechada, produz a maior produção e rendimento económico líquido por unidade de área.

A população que vive no lago Manzala está a sofrer dos mesmos problemas de saúde que a maioria dos egípcios. Os riscos para a saúde devem-se principalmente a: contaminação com produtos químicos (incluindo metais pesados) provenientes de resíduos industriais, pesticidas provenientes de esgotos agrícolas, eliminação de esgotos, gases provenientes da decomposição orgânica e química, surtos de insectos e maus hábitos sanitários. A água potável é responsável por algumas doenças bacterianas e virais, hepatites infecciosas, doenças parasitárias e químicas. O contacto com água contaminada pode ser responsável por esquistossomose e dermatites.

As principais ameaças recentes ao ecossistema do Lago Manzala incluem a construção do Canal El-Salam, que conduziu a algumas alterações na utilização das terras ao longo das margens do lago, a fragmentação da massa de água em várias sub-bacias semi-fechadas e o grave impacto na vulnerável barra de areia. Em resposta à grave poluição da zona húmida de Manzala, o Governo egípcio lançou um projeto em 1997-1999, com o apoio financeiro do Fundo Mundial para o Ambiente (GEF), para limpar as águas poluídas do esgoto de Bahr El-

Bakar, a fim de reduzir a poluição do Lago Manzala e do Mar Mediterrâneo. Além disso, uma área de 35 km do lago Manzala, incluindo a sua ligação com o mar Mediterrâneo em Ashtum El-Gamil, foi declarada zona protegida pelo Decreto do Primeiro-Ministro nº 459 de 1988. O escoadouro de Ashtum El-Gamil protege os peixes grávidos durante a passagem entre o Mar Mediterrâneo e o Lago Manzala. Dentro da área protegida, encontram-se ruínas de uma cidade romana na Ilha do Ténis.

INTRODUÇÃO GERAL

A Convenção de Ramsar definiu as zonas húmidas como áreas de pântano, pântano, turfa ou água, natural ou artificial, permanente ou temporária, com água estática ou corrente, doce, salobra ou salgada, incluindo áreas de água marinha, cuja profundidade na maré baixa não excede seis metros (Kassas 2004). Podem incorporar zonas ribeirinhas e costeiras adjacentes às zonas húmidas e ilhas ou corpos de água marinha com profundidade superior a seis metros na maré baixa situados dentro das zonas húmidas. Davis (1994) definiu as zonas húmidas como qualquer massa de água fechada, doce ou salgada, que tenha seis metros ou menos de profundidade. As zonas húmidas são ecossistemas com atributos que incluem elevada produtividade (a biomassa dos pântanos de juncos é das mais elevadas), fontes, sumidouros e transformadores de numerosos materiais químicos, biológicos e genéticos. As zonas húmidas, incluindo os lagos pouco profundos, são um recurso global em declínio (Finlayson e Moser 1992).

Os lagos naturais do Egito têm uma combinação única de caraterísticas físicas e químicas. São massas de água doce, salobra e salina ou hipersalina. Do ponto de vista ambiental, estes habitats são altamente estruturados e podem apresentar um gradiente que vai de extremamente inundado a relativamente mésico. As caraterísticas químicas e hidrofísicas dos solos afectam a diversidade e a estrutura da vegetação dos lagos (El-Bana 2003). Na região mediterrânica do Norte de África, o aumento da utilização da água representa uma grande ameaça para as zonas húmidas naturais (Finlayson et al. 1992). A disponibilidade de água doce é a questão mais premente que afecta os lagos naturais e semi-naturais das zonas húmidas do Norte de África (Hollis 1992).

Para gerir eficazmente os lagos de zonas húmidas, é necessário situar o estado atual do local no contexto das alterações ambientais recentes. [th]Quando a informação registada é inadequada, uma forma de avaliar as alterações do século XX é utilizar os registos de alterações ambientais disponíveis nos sedimentos dos lagos. O projeto CASSARINA (Flower 2001) dá um primeiro passo para iniciar uma avaliação deste tipo em nove lagos de zonas húmidas do Norte de África (Merja Sidi Bou Rhaba, Merja Zerga e Merja Bokka em Marrocos; Megene Chitane, Garaet El Ichkeul e Lac de Korba na Tunísia; Edku, Burullus e Manzala ao longo da costa mediterrânica deltaica do Egito).

As plantas aquáticas podem causar problemas à navegação, à agricultura, à pesca e à saúde pública. No entanto, desempenham um papel importante na produção orgânica da maioria dos sistemas de águas interiores e, através da fotossíntese, libertam oxigénio e enriquecem o arejamento do sistema hídrico. Para além disso, algumas macrófitas aquáticas ajudam a estabilizar os fundos, evitam a erosão das margens e removem os compostos tóxicos através da absorção de nutrientes da água e dos sedimentos do fundo superior (Shaltout e Al-Sodany 2000). As plantas aquáticas também fornecem abrigo e alimento a peixes, aves aquáticas e outros organismos aquáticos; algumas delas são hospedeiras de muitas epífitas, fornecem fonte de polpa de papel, fibra e bioenergia. Por exemplo, muitas espécies de *Ceratophyllum*, *Lemna* e *Potamogeton* são comidas por pássaros (Haslam 1976).

A população do Egito está a expandir-se muito rapidamente. As terras agrícolas no Delta do Nilo estão a urbanizar-se e procura-se mais terra (Sultan et al. 1999). A disponibilidade de água aberta durante todo o ano nas drenagens do Delta permitiu a propagação de plantas aquáticas agressivas, particularmente as submersas *Potamogeton pectinatus* e *Ceratophyllum demersum* e a flutuante *Eichhornia crassipes* (Zahran e Willis 2009). [th]*A Eichhornia crassipes* foi introduzida no século XIX e constitui atualmente um problema grave no Nilo e nos cursos de água com ele relacionados (Tackholm e Drar 1950; El-Sherif 1993; Shaltout et al. 2016). O jacinto de água introduzido foi registado como abundante nos lagos do Delta desde 1935 (Zahran e Willis 2009) e cobre agora cerca de 80% de todas as superfícies de água egípcias no verão. O feto flutuante introduzido, *Azolla filiculoides*, também aumentou (Boulos 1999). Vários estudos ecológicos demonstram o impacto humano nos habitats aquáticos (por exemplo, Woodward 1984 e Raven et al. 1995), com especial referência à distribuição e crescimento de macrófitas aquáticas (por exemplo, Ali e Sultan 1996 e Ali et al. 1998).

Capítulo 1

Caraterísticas gerais

1.1. GEOGRAFIA

A região costeira mediterrânica do Egito estende-se por cerca de 970 km, desde Sallum, a oeste (31° 34' N, 25° 09' E), até Rafah, a leste (34° 20' N, 31° 25' E). Cinco lagos naturais estendem-se ao longo desta costa: Mariut (costa ocidental), Edku, Burullus, Manzala (costa deltaica) e Bardawil (costa do Sinai). O Lago Manzala (anteriormente conhecido como Lago Tanis) é o maior dos lagos do Delta do Nilo (**Fig. 1**). Está situado na parte nordeste do Delta do Nilo, entre o braço do Nilo de Damietta e o Canal do Suez. Situa-se entre as latitudes 3H 00' - 3P 30' N e as longitudes 3H 16' - 32o 20' E.

O lago Manzala está ligado ao mar Mediterrâneo através da foz de Ashtum Al-Gamil (12,5 km a oeste de Port Said) e do estreito de Sheikh Ali (25 km a nordeste de Damietta). Liga-se ao Canal do Suez através de um pequeno canal de navegação conhecido como Canal El-Qabuti. Estas aberturas abastecem o lago com água e peixes. As margens ocidental e meridional têm muitas enseadas, através das quais se escoam grandes quantidades de água para o lago. As drenagens mais importantes são as de Bahr El-Bakar, Hadous, Ramsis, Al-Sirw, Abu-Garida e Faraskur. Outras aberturas através das quais o lago recebe água doce são os canais Inaniya e El-Alaqi, que derivam do braço de Damietta do rio Nilo. Nas últimas décadas, o lago tem sido mal administrado, funcionando como reservatório de resíduos provenientes de várias direcções. Os efluentes de mais de 200 unidades de tratamento de águas residuais e de cerca de 80 instalações industriais são despejados no lago (Hussein 1997).

O Lago Manzala é de origem não marítima, não tendo qualquer relação com o Mar Mediterrâneo na sua formação. Pensa-se que se formou devido à acumulação de água do Nilo na zona baixa do delta nordeste. Os terramotos provocaram o afundamento desta terra no final do século XVI ([th]) e o mar passou para as barreiras de areia (Abu Al-Izz 1971). Assim, a água do Nilo misturou-se com a água do mar que corre para o lago através da ação dos ventos de nordeste que prevalecem nesta região. Este facto é confirmado pela presença de lodo misturado com areia no fundo do lago e pelo facto de a água ser ligeiramente salobra.

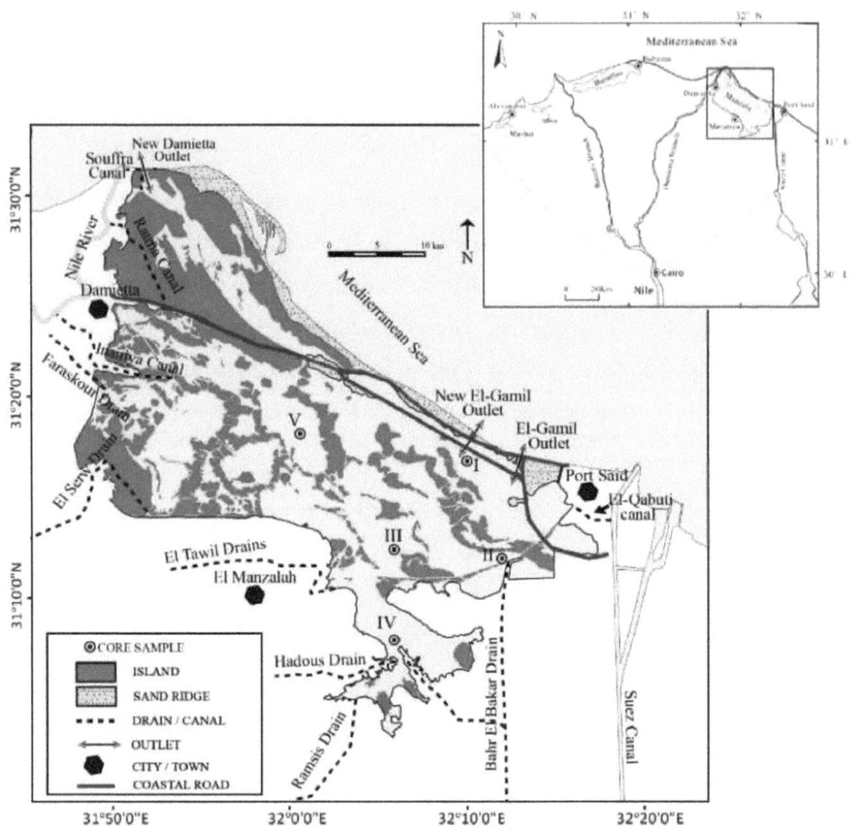

Fig. 1. Mapa do lago Manzala ao longo da costa mediterrânica do Egito (segundo Abu Khatita et al. 2016).

1.2. GEOLOGIA

1.2.1. Formação do Delta do Nilo

Ao contrário de outros grandes deltas do mundo (por exemplo, Mississipi e Níger), o Delta do Nilo é de idade geológica relativamente recente. Um paleo-Nilo começou a avançar através de um embaiamento marinho no Plioceno tardio e desenvolveu-se especialmente no Pleistoceno através de grandes alterações do nível do mar associadas a períodos glaciares. Durante os períodos de baixo nível do mar, grandes quantidades de areia e lama foram transportadas e dispersas no Mediterrâneo oriental, formando um grande leque submarino (Sestini 1991).

No período entre 8000 e 5000 a.C., quando o nível do mar começou a aproximar-se da sua

8

situação atual, a transgressão marinha tinha atingido a sua extensão máxima para terra, até 10-20 km para o interior das lagoas actuais. A progradação moderna começou com o desenvolvimento de pequenos lóbulos deltaicos (Courtlier e Stanley 1987, Sestini 1989) relacionados com vários distribuidores do rio Nilo (**Fig. 2**). A leste, os lóbulos construídos pelos ramos Tanítico, Mendesiano e Pelusíaco e, mais tarde, Damietta, sobrepuseram-se uns aos outros à medida que evoluíam. Os lóbulos, tipicamente desviados para leste, eram provavelmente subdeltas cuspadas com um notável crescimento assimétrico de cristas de praia.

Há dois mil anos, o fluxo principal passava pelos braços ocidental (canópico) e central (sebéntico) do Nilo. Os braços de Roseta e Damieta não passavam então de canais. [ndthth]O desaparecimento dos distribuidores mais antigos deu-se principalmente nos séculos II a III d.C., tendo os ramos orientais (Tanítico, Pelúsia), e talvez o ramo Sebennytic, persistido até ao século IX (Tousson 1934).

Embora no final do período Dinástico - Ptloemático grande parte do Delta Norte fosse constituído por lagos e pântanos (como sugerem os registos arqueológicos), as lagoas de Burullus e Manzala não eram tão extensas como hoje (Butzer 1976). As lagoas mais pequenas, possivelmente representadas como baías interdistribuidoras, foram fechadas pelo crescimento longitudinal dos espigões das várias subdeltas cuspidas. Podem também ter-se desenvolvido a partir de bacias de inundação, especialmente durante as fases de grandes cheias do Nilo. A expansão da lagoa durante os últimos 2000 anos tem sido irregular, principalmente devido à subsidência por detrás de uma barreira de praia estável. Há registo de uma rápida expansão de pântanos e lagoas desde os séculos 5-10th , em coincidência com grandes terramotos (Tousson 1934, Ben Menachem 1979).

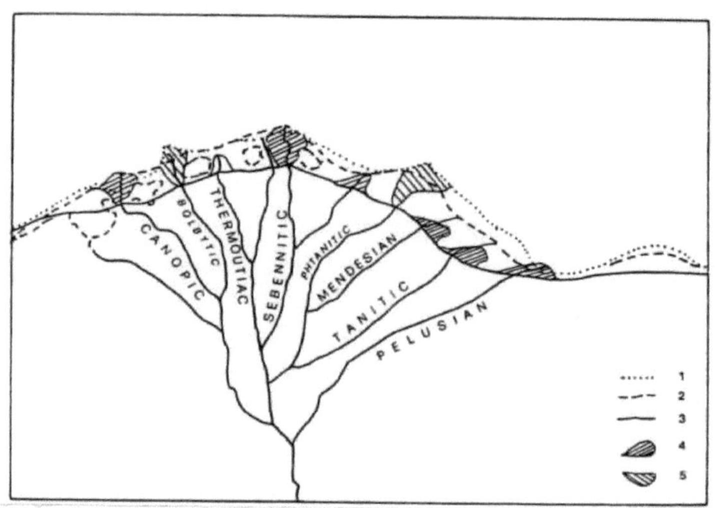

Fig- 2. Distribuidores e subdeltas do Delta do Nilo em tempos pré-históricos até cerca de 2000 BP. 1: Litoral atual, 2: Litoral 2000 BP, 3: Litoral cerca de 7 - 8000 BP, 4: Subdeltas antigas e 5: Lóbulos do delta mais jovens (após Galal et al. 2012).

[th]As alterações costeiras podem ser seguidas a partir de mapas desde o início do século XVIII e, com maior precisão, a partir de levantamentos topográficos desde o início de 1800 (PNUD/UNESCO 1978). Ao longo do último século, registou-se um avanço constante dos promontórios da Rosseta e Damietta (**Fig. 3**), com uma média de 30 e 10 m por ano^{-1} (respetivamente), e acreção em todos os embaiamentos para leste. As costas a leste de Baltim Beach Resort até Gamasa e a leste da protuberância de Port Said estavam a avançar. A única exceção é o recuo lento do promontório de Burullus, desde o oeste de El-Burg até Baltim Beach (800 m em 100 anos), tendência que remonta provavelmente ao desaparecimento da foz do Sebennytic, situada mais a norte. Os troços da barreira da Manzala estão também a recuar.

Em cerca de 1910, uma diminuição global de 25% das descargas do Nilo, devido à redução da precipitação das monções na África Oriental, deu início à atual instabilidade costeira e à recessão dos promontórios. Entre 1910 e 1965, o promontório de Rosetta recuou 2,5 km (com a destruição do primeiro farol); o promontório de Damietta recuou cerca de 2 km.

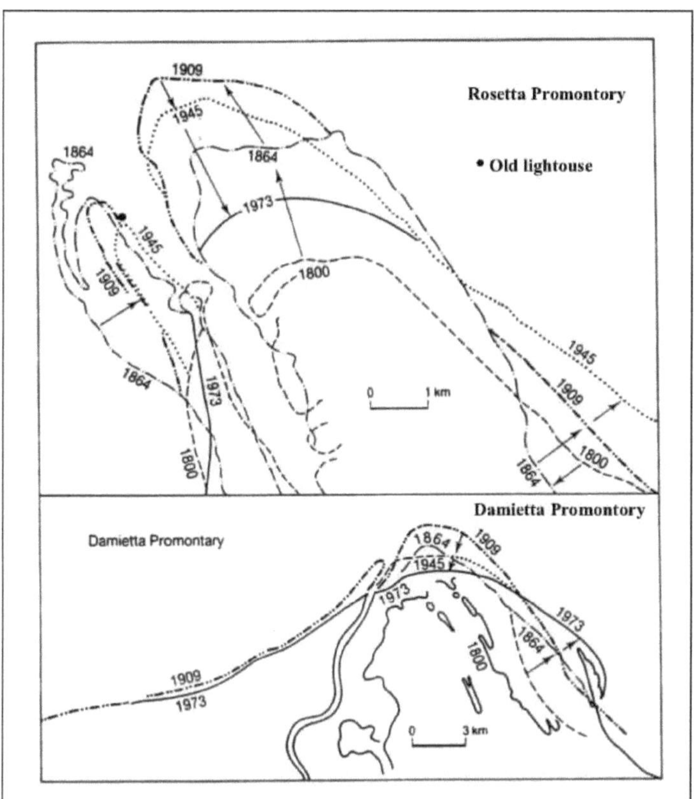

Fig- 3. Alterações costeiras na foz do Nilo em Rosetta e Damietta: 1800 - 1973 (UNDP/UNESCO 1978).

1.2.2. Subsidência

A subsidência considerável a longo prazo da zona costeira é indicada pela camada de 1080 m de espessura de sedimentos marinhos, lagunares e deltaicos posteriores a 8000 BP (**Fig. 4**), com taxas médias de deposição de até 5 mm yr^{-1} na parte NE do Delta do Nilo, e 4 mm yr^{-1} na parte central (Coutellier e Stanley 1987). A subsidência parece ter sido mais intensa na faixa lagunar do que perto da costa atual (UNDP/UNESCO 1978). Outra evidência para a subsidência contínua durante os últimos 2000 anos é a presença de muitas áreas 1-3 m abaixo do nível do mar (Emery et al. 1988, Stanley 1988).

De acordo com Stanley (1988), a cartografia da base das fácies deltaicas do Holocénico, datada de cerca de 8000-6500 anos BP, revela que o rebaixamento diferencial da planície deltaica do norte é preferencialmente acentuado em direção a nordeste. As taxas de subsidência a longo prazo na costa ou perto dela, calculadas em média para o Holocénico médio e superior, variam entre cerca de 0,1 e 0,25 cm por ano^{-1} entre Alexandria e as margens do delta do centro-norte. As taxas aumentam acentuadamente para leste, atingindo um máximo de cerca de 0,5 cm yr^{-1} na região da lagoa de Port Said - Manzala. Este rápido abaixamento explica a presença de sequências espessas de lóbulos de delta marinhos de idade holocénica em núcleos no nordeste do delta (Hussain 1994).

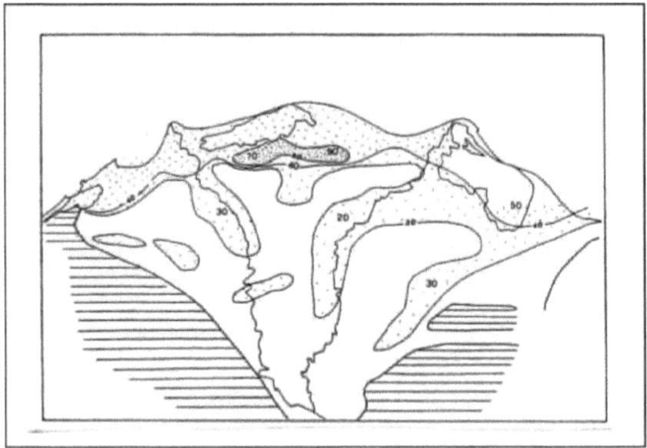

Fig- 4. Espessura (m) dos sedimentos do Pleistoceno-Holoceno tardio (pós-8000 BP), como indicação indireta de subsidência geológica. A linha horizontal representa os depósitos elevados do Pleistoceno (Sestini 1989, citado por Shaltout e Khalil 2005).

1.2.3. Solos

Os solos da faixa costeira do Delta do Nilo estão geralmente relacionados com as principais unidades morfológicas da deposição de planícies aluviais: dunas de areia, planícies de areia costeiras, diques e canais do Nilo (silte a areia fina), bacias de inundação do Nilo compostas por silte e áreas de pântanos (**Fig. 5**). As modificações foram introduzidas pela atividade agrícola contínua (Balba 1981).

Os solos arenosos da faixa litoral costeira são ricos em CaCO$_3$. A espessura da zona A é geralmente de 40 cm nas áreas entre as dunas de areia. Depositados na água salobra de lagos e pântanos lagunares, os solos argilosos dos pântanos fluvio-marinhos contêm alguma cal, mas muito sal e gesso. O Na e o Mg permutáveis são elevados, pelo que os solos são salino-sódicos. São todos argilosos pesados, mas os subsolos argilosos locais podem proporcionar uma melhor drenagem. Os solos argilosos dos antigos pântanos são ricos em matéria orgânica.

A sul e entre os lagos, as zonas recentemente recuperadas têm solos geralmente constituídos por argila e silte de textura fina, normalmente mal drenados, exceto se estiverem misturados com conchas. O lençol freático é pouco profundo, a cerca de 50-100 cm da superfície. Os solos são salino-sódicos com uma elevada concentração de sais à superfície antes da recuperação. Vastas áreas tiveram de ser drenadas e irrigadas com água do Nilo, frequentemente aplicada para melhorar as propriedades físicas dos solos argilosos impermeáveis e para diminuir o seu teor de sódio permutável (Balba 1981).

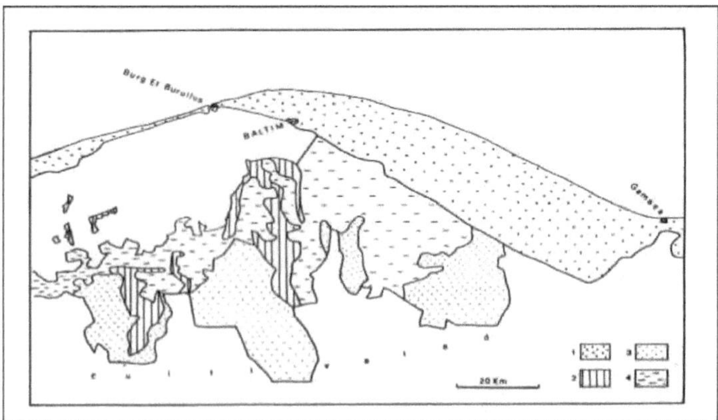

Fig. 5. Principais tipos de solo no centro-norte do Delta do Nilo. 1: Areias calcárias, 2: Siltes - areias de grão fino de canais fluviais, 3: Siltes (bacias de inundação ± salgadas), 4: Solos ácidos de antigos pântanos: argilas, margas, turfas, (Sestini 1989 citado por Shaltout e Khalil 2005).

1.2.4. Tipos de solo

Os solos da região do Lago Manzala são melhor descritos de acordo com as unidades geomorfológicas da região: 1- Planícies Deltaicas Jovens, 2- Planícies Deltaicas Antigas, 3- Planícies Costeiras e 4- Areias Eólicas (Khalaf 2001).

1.2.4.1. Jovens planícies deltaicas

Estas planícies, de idade recente, ocupam a parte ocidental da área de estudo. Constituem a maior parte das terras cultivadas na região e estão divididas em duas unidades morfopedológicas: depósitos aluviais holocénicos e depósitos subdeltaicos (Khalaf 2001). Os solos dos depósitos aluviais do Holocénico ocupam a maior parte da área cultivada na região. Desenvolveram-se nas planícies de inundação recentes do Nilo, nos diques do braço de Damietta e nos restos do braço antigo. São profundos, escuros, castanhos acinzentados e não têm horizontes de diagnóstico. Os solos dos diques formam uma faixa estreita ao longo do braço de Damietta e encontram-se em muitas zonas dispersas nas províncias de Qalyubia, Dakahliya e Sharkiya. Estes solos não são salinos e têm uma textura franco-arenosa ou franco-argilosa. Pertencem à família dos Torrifluentes Típicos (argilosos, planos, mistos e térmicos). Os solos de várzea são de textura argilosa, com um teor de argila que varia de 40 a 75%. Trata-se de solos não a moderadamente salinos, nos quais se formaram fissuras (Khalaf 2001). Pertencem à ordem dos Vertisols; um membro dos Typic Torrerts (família argilosa, nivelada, montomorilonítica e térmica). Os solos dos depósitos sub-deltáicos são depósitos de areia profundos, grosseiros, não salinos e ligeiramente calcários, que ocorrem como ilhas de areia isoladas, espalhadas pelo aluvião do Nilo. A superfície do terreno é ondulada. Estes solos são membros da família dos Quarti-psamments Typic (inclinados, siliciosos e hipertermais).

1.2.4.2. Planícies deltaicas antigas

Estes solos ocorrem nos terraços do Nilo, suave ou moderadamente ondulados, marcados, a intervalos, por largas ravinas. A camada superficial é constituída por areias eólicas de diferentes espessuras. O seu perfil apresenta camadas estratificadas de diferentes texturas. Os solos mais superficiais são os menos cascalhentos. Os solos dos terraços elevados incluem uma cobertura de pavimento desértico, sobrepondo-se a 10 a 15 cm de franco-arenoso muito fino ou franco-argiloso. Por baixo desta camada encontra-se areia grossa, ou cascalho, areia argilosa e franco-arenosa. Os solos têm uma camada superficial castanha-amarelada clara e uma camada inferior avermelhada, e são moderadamente a muito calcários. Em geral, são muito salinos (CE = 20 mS cm^{-1}). A pouca vegetação que se encontra a crescer nestes solos restringe-se aos lençóis arenosos dos barrancos. Estes solos de terraço fluvial são classificados na família dos Torriortents Típicos (família arenosa, esquelética, nivelada, siliciosa e hipertérmica). As principais limitações destes solos para a agricultura de regadio são a sua fraca capacidade de retenção de água e de nutrientes, a sua elevada infiltração e a sua elevada permeabilidade do subsolo.

1.2.4.3. Planícies Costeiras

Os solos fluvio-marinhos encontram-se na margem sul do Lago Manzala e incluem as zonas de desenvolvimento propostas para Husseniya Norte e Port-Said Sul. Quase todas as partes destas áreas são inundadas anualmente. A profundidade do solo até ao lençol freático varia entre 0,5 e 1,5 m. Os solos são cobertos por uma camada fina e fofa de argila e, frequentemente, encontra-se uma fina crosta salina à superfície. Estes solos são da família dos

Solórticos Aquólicos (argilosos, planos e mistos hipertérmicos). Os factores que limitam a produtividade destes solos incluem a dificuldade de lavoura, a elevada salinidade e sodicidade e a baixa taxa de infiltração e condutividade hidráulica. Os solos do vale de Husseniya Norte têm geralmente um teor muito baixo de gesso. Assim, requerem a sua adição para que se efectue a troca de Ca por Na. Os depósitos gipsíferos ocorrem ao longo da estrada entre Ismailia e Qantara. São caracterizados por um lençol freático elevado e são frequentemente inundados. Devido à presença de um horizonte gipsófilo, estes solos são classificados como Gipsitóides Típicos, ao nível do subgrupo. Ao nível da família, são solos arenosos, planos, siliciosos, hipertermais, ou solos arenosos sobre argilosos e mistos hipertermais.

1.2.4.4. Faixa costeira mediterrânica

Estes solos são compostos por areias soltas e finas, ricas em conchas e fragmentos de conchas, com uma fina camada ocasional de gesso e uma crosta salina à superfície. Estas areias são muito salinas e pertencem à ordem dos Aridisols, devido à presença de um horizonte salino a menos de um metro da superfície. A faixa costeira estende-se até ao próprio lago Manzala, onde se formaram ilhas de areia.

1.2.4.5. Areia Eólica

São areias grosseiras, sopradas pelo vento, de idade recente e de origem local. Ocorrem geralmente em planícies quase planas, sob a forma de relevo hummocky, e aparecem também sob a forma de dunas móveis. Estas areias ocupam as planícies planas entre as planícies fluviomarinhas e os pântanos a norte e os terraços fluviais a sul.

1.2.5. Processos Costeiros

No delta do Nilo, a concentração da energia das ondas é particularmente elevada em todos os troços e promontórios costeiros com tendência para nordeste (Manohar 1981, Inman e Jenkins 1984). Os troços orientados para NE são mais atacados por ondas NE e N, em consequência da refração, do que por ondas NE e NNE menos frequentes (**Fig. 6**). A deriva litoral para leste conduz a praia e as areias próximas da costa do Delta do Nilo para além do norte do Sinai. Segundo estimativas conservadoras, as correntes litorais, que são bastante fortes, deslocam anualmente um milhão de metros de areia (**Fig. 7**). Além disso, grandes quantidades de areia foram e continuam a ser removidas pelos ventos marítimos. As estimativas das perdas de areia são da ordem de 200 000 m^3 yr^{-1} da foz da Rosseta e de 400 000 m^3 yr^{-1} na costa de Burullus-Ras El Bar (Manohar 1981, Smith e Abd Elkader 1988).

Antes do encerramento definitivo da barragem de Aswan em 1964, o Nilo descarregava cerca de 85-90 milhões de toneladas de sedimentos no mar no final do verão (65% através da foz de Rosetta e 35% através da foz de Damietta). Um terço era constituído por areia de grão fino (0,125-0,065 mm), depositada na proximidade imediata das embocaduras. Os outros dois terços dos sedimentos foram transportados ao largo e ao longo da costa em suspensão. Devido aos pronunciados gradientes de densidade e à circulação regional, uma pluma superficial de argila e silte em suspensão foi transportada para leste ao longo da frente do delta. Como mostram as imagens de satélite, essas plumas turvas ainda se formam atualmente (UNDP/UNESCO 1978, Klemas e Abd Elkader 1982). Em alguns pontos da costa (entre Rosetta e Burullus) podem existir sumidouros, com areias a serem deslocadas da costa para a plataforma continental (Inman e Jenkins 1984).

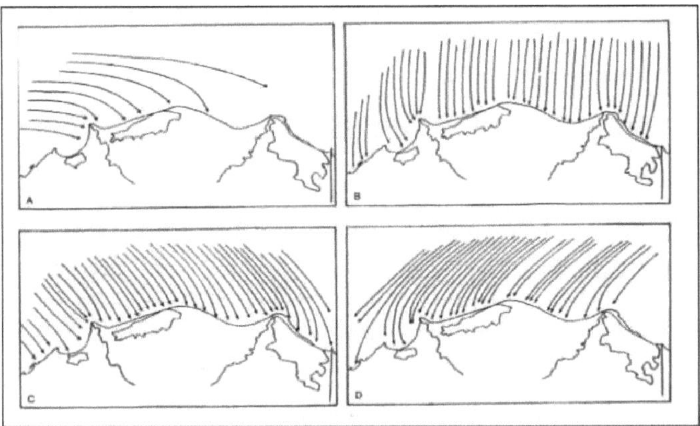

Fig- 6. Principais padrões de aproximação das ondas à costa do Delta do Nilo. A: Ondas de oeste, B: Ondas de norte, C: Ondas de noroeste, D: Ondas de norte-este (Tetratech 1986 citado por Shaltout e Khalil 2005).

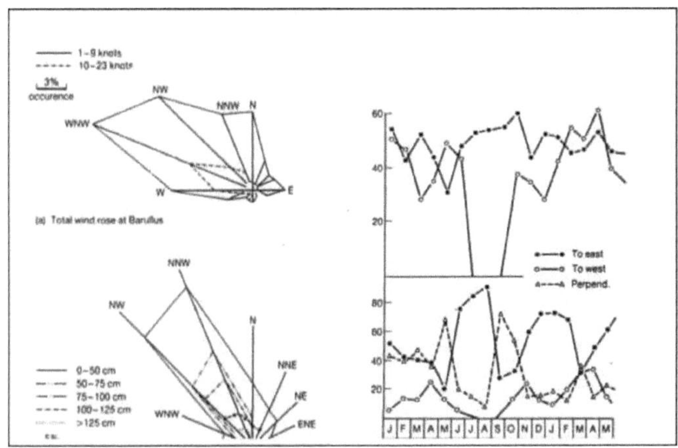

Fig- 7. Direção e altura das ondas: direção e velocidade do vento e das correntes litorais na costa deltaica (Manohar 1981 citado por Shaltout e Khalil 2005).

Durante as tempestades de inverno, os sedimentos de fundo mais profundos e de grão fino (siltosos e argilosos) do Rosetta e do Damietta são agitados em suspensão e deslocados para o mar, principalmente para leste (Summerhayes et al. 1978, Frihy et al. 1990). O movimento efetivo destas areias não é, no entanto, conhecido. O recuo prossegue em todas as zonas mais expostas da costa e a instabilidade foi constatada noutros locais (**Fig. 8**). Há um certo número de troços em que a variabilidade da linha de costa criou problemas em relação às utilizações do solo existentes ou previstas.

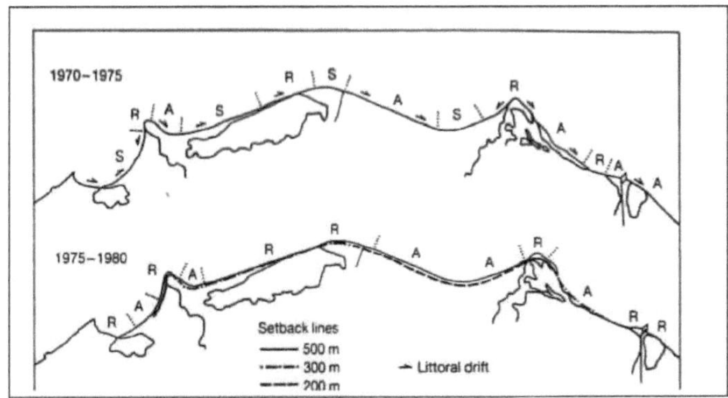

Fig. 8. O estado de erosão - acreção da linha costeira do Delta do Nilo: 1970-1980 (PNUD/UNESCO 1978 e Tetratech 1986 como citado por Shaltout e Khalil 2005).

Vinte e cinco anos após a cessação da descarga do Nilo, as seguintes condições foram registadas ao longo da costa (UNDP/UNESCO 1978, Tetratech 1986, como citado por Sestini 1991):

1- Em Alexandria, onde a costa está diretamente exposta às ondas de NW e N, as muralhas exteriores dos portos oriental e ocidental necessitam de atenção constante devido ao frequente galgamento pelas ondas. As pequenas praias da cidade estão a recuar porque não há fornecimento de areia à deriva litoral. O movimento dos sedimentos é dificultado pelos cabos rochosos, ilhas e rochas submersas pouco profundas.

2- Na parte ocidental da baía de Abu Qir, o muro marítimo de Mohammed Ali pode ser minado pela erosão. O muro, que está sujeito à ação violenta de ondas de tempestade com mais de 2 m de altura, teve de ser renovado em 1981-1984 (Tetratech 1986). A foz de Edku foi estabilizada por molhes, mas as inundações são frequentes na cidade de Maadia; a tendência para a erosão a oeste pode ser reforçada pelo novo porto de pesca. A costa oriental da baía de Abu Qir é mantida pela erosão do promontório de Rosetta; o transporte de sedimentos para o mar, a cerca de 18 km a leste da foz de Idku, resultou num aumento da inclinação da praia.

3- O recuo do promontório de Roseta entre 1970 e 1987 aumentou para 80-120 m yr^{-1} (Frihy 1988). A erosão das areias da barreira da praia expôs os sedimentos marinhos subjacentes de granulometria fina à ação das ondas; o cone do delta submerso está assim a ser erodido até 25-30 m de profundidade ou mais. A erosão intensa ocorre especialmente na foz do rio e já está a enfraquecer o muro marítimo. Esta estrutura acabará por funcionar como um quebra-mar destacado, seguindo o progresso gradual da erosão nas suas extremidades; assim, deverá abrandar o recuo do promontório.

4- A leste do promontório de Rosetta, ao longo de 30 km, a linha de costa tende a ser estável e, presumivelmente, continuará a sê-lo durante mais duas a três décadas. No entanto, a leste de Hanafi e até 6 km a oeste da saída de Burullus, a costa é estreita e a zona de erosão tende a aumentar com algum recuo, talvez devido à acreção no molhe oeste da saída. O burgo de El Burullus está protegido da erosão por um muro marítimo renovado, mas na extremidade leste deste último, registou-se nos últimos 30 anos uma erosão grave das dunas de areia (6 m yr^{-1}). No entanto, a terra estendeu-se em direção à lagoa, tanto a leste como a oeste da saída do lago. Mais a leste, o promontório de Burullus está a recuar a uma média de 10 m por ano^{-1} com a erosão das dunas. Na estância balnear de Baltim, onde a costa tem flutuado periodicamente, a proteção inclui a renovação da areia e quebra-mares ao largo. O transporte ativo de areia por mar e por terra prevalece para leste até Gamasa; a costa é geralmente estável ou está a aumentar.

5- Os molhes do novo porto de Damietta estimularam a acreção em ambos os lados, mas provavelmente modificaram os regimes locais de ondas e correntes, com assoreamento do canal de acesso. Já é necessário efetuar dragagens e poderá ser necessário introduzir sedimentos artificiais por passagem.

6- Devido à predominância das ondas de noroeste, todo o promontório de Damietta está sujeito a erosão e as estruturas de proteção de Ras El-Bar têm sido apenas parcial ou temporariamente eficazes. Atualmente, a circulação no estuário do Nilo é inteiramente feita pelas marés (não há caudal fluvial da barragem de Farascur) e é necessário proceder a dragagens. A leste de Ras El Bar, um dique de terra estende-se até ao espigão (Tetratech 1986); o seu reforço previsto numa estrutura mais forte poderia eventualmente aumentar os problemas de erosão da zona da foz do Nilo e causar um recuo na sua extremidade oriental.

7- Toda a extensão de Damietta a Port Said é muito instável devido a uma migração muito ativa de areia por terra. O espeto tem vindo a crescer 90-100 m por ano^{-1} e a linha costeira ao longo de 15 km para leste está sob a sua influência dinâmica, com uma série de padrões de erosão-acrescentamento; o embaiamento e a corcova de Diba são caraterísticas que se deslocam até 100 m por ano^{-1} ; eventualmente, eles e o espeto poderão invadir a nova saída da lagoa de Manzala.

8- A secção de 19 km de Port Said é uma unidade em si mesma. Trata-se de uma zona fraca, com exceção dos 4 km do molhe ocidental de Port Said, que tem vindo a acumular-se há mais de 100 anos, embora a um ritmo mais lento nas últimas décadas. É caracterizada por um recuo a longo prazo, a barreira entre o lago e o mar foi reduzida de 1000 para 200 m de largura entre 1810 e 1945, e algum recuo tem-se repetido desde então e por inundações frequentes do mar (PNUD/UNESCO 1978).

1.3. GEOMORFOLOGIA E MORFOMETRIA

O lago Manzala é um lago de água salobra pouco profunda, com uma profundidade que varia entre 0,7 e 1,5 m, com uma média de 1,3 m, e recebe água fluvial, água subterrânea e água do mar (Wahby et al. 1972; Reinhardt et al., 2001). O lago tem um comprimento máximo de cerca de 65 km e uma largura máxima de 49 km. A área do lago foi reduzida para 1200 km^2

em 1980 como resultado da recuperação de terras (Meininger e Mullié 1981). A área original do Lago Manzala era superior a 1700 km^2 em 1900 (El-Sabrouti 1990). Com base na análise de mapas topográficos de 1952 a 1987, juntamente com dados digitais do Landsat Thematic Mapper de 1987 a 1993, o estudo de Abdel Kader et al. (1999) mostrou que a área do Lago Manzala tinha sofrido as seguintes alterações: 1141 km^2 em 1952, 910 km^2 em 1981, 940 km^2 em 1987 e 1021 km^2 em 1993. O ligeiro aumento da sua área nos últimos anos (1987 1993) é atribuído ao aumento das pisciculturas à volta do lago.

Comparando os cinco lagos mediterrânicos do Egito, o lago Manzala (1200 km^2) é o maior, enquanto o lago Mariut (63 km^2) é o mais pequeno (**Quadro 1**). Por outro lado, o lago Bardawil é o lago mais hiper-salino, enquanto os outros lagos são salobros. Além disso, o Lago Mariut é o único lago que não tem ligação natural com o Mar Mediterrâneo. Relativamente à produção de peixe, o lago Burullus tem a produção mais elevada (1,2 ton ha^{-1}), enquanto o Bardawil tem a mais baixa (0,03 ton ha^{-1}).

Tabela 1. Caraterísticas dos cinco lagos do Mediterrâneo no Egito (segundo Galal et al. 2012).

Lago	Latitude (N)	Longitude (E)	Área (km)^2	Profundidade (m)	Comprimento (km)	Largura (km)	Produção de peixe (ton ha^{-1})
Mariut	31^0 2'-31^0 12'	29° 51'-29° 59'	63	1.20	8.80	7.70	0.50
Edku	31° 13'-31° 16'	30° 07'-30° 14'	126	1.00	21.00	6.00	1.10
Brullos	310 25'- 310 35'	30° 30'-31° 10'	410	1.02	64.00	16.00	1.20
Manzala	31°00'-31°30'	31° 16'-32° 20'	1200	1.10	64.50	49.00	0.70
Bardawil	31°03'-31° 14'	32° 40'-33° 30'	650	1.00	75.00	22.00	0.03

1.4. CLIMATOLOGIA

O clima na área de estudo é variável e é influenciado por muitos factores locais. A maioria das tendências climáticas está relacionada com a distância da costa (Khalaf 2001). Em comparação com a costa, as zonas do interior caracterizam-se por uma precipitação anual mais baixa (geralmente inferior a 50 mm), uma variação muito maior da temperatura diurna, a predominância das direcções do vento norte e nordeste e velocidades médias do vento mais baixas. Na zona costeira, podem ser identificadas duas sub-regiões climáticas: 1- a zona a noroeste, em torno de Damietta, com uma precipitação consideravelmente mais elevada e direcções do vento dominantes de noroeste e sudoeste, e 2- a zona entre Serw e Port Said, com uma precipitação mais baixa e uma velocidade do vento mais uniforme.

1.4.1. Luz do sol

As percentagens médias diárias de sol são bastante uniformes no Baixo Egito, com valores geralmente mais baixos ao longo da costa. Os valores de Port Said variam entre um mínimo de 66% em janeiro e um máximo de 84% em agosto. Uma queda acentuada nos valores diários durante o mês de novembro indica uma rápida transição para um inverno mais nublado.

1.4.2. Temperatura

A temperatura média diária na área de estudo é uniforme, variando entre 20° C e 22OC. As temperaturas médias diárias máximas e mínimas variam acentuadamente na zona, consoante a distância à costa. Em Port Said, a diferença entre as temperaturas médias máxima e mínima é inferior a 50°C, ao passo que em Ismailiya atinge os 50°C. Sazonalmente, a temperatura média máxima de 27°C a 28°C é atingida em agosto em Port Said, enquanto nas zonas do interior (por exemplo, Mansoura), a temperatura máxima ligeiramente mais elevada é atingida um mês antes. As temperaturas médias diárias mais baixas variam entre 40°C e 16°C e são registadas em janeiro. A temperatura absoluta mais elevada registada, 46OC, ocorreu em junho, presumivelmente relacionada com as condições de Khamasin. As temperaturas absolutas mais baixas registadas na região (0 a 2OC) foram registadas em fevereiro.

1.4.3. Precipitação

A maior parte da precipitação no Egito é gerada pelas caldas frias superiores que são comuns ao longo da costa mediterrânica. A estação das chuvas começa na segunda quinzena de setembro, em Port Said, e na segunda quinzena de outubro, no interior, em Ismailiya. Os meses de dezembro e janeiro registam as precipitações mais elevadas em todas as estações, variando entre uma média mensal de 24 mm em Damietta e 7 mm em Ismailiya. A margem norte do Lago Manzala é a secção mais árida da costa mediterrânica do Egito, com exceção do Sinai. A precipitação média anual em Port Said é de 66 mm, enquanto Alexandria regista 180 mm. Damietta tem a precipitação média mais elevada (102 mm) registada na área de estudo. Com exceção de Port-Said, à medida que se avança para sul, as outras estações apresentam um rápido declínio na quantidade de precipitação e no número de dias de chuva. Da margem sudeste do Lago Manzala até à margem noroeste, uma distância de cerca de 50 km, a precipitação média anual duplica, passando de cerca de 50 para mais de 100 mm. Em julho e agosto não chove.

1.4.4. Velocidades do vento

No norte do Egito, a velocidade média anual do vento interior diminui para leste. A velocidade média escalar do vento na zona de estudo é uniforme ao longo do ano, aumentando ligeiramente na primavera. Port Said é a zona mais ventosa, onde a velocidade do vento pode exceder 22 nós em qualquer altura do ano. A velocidade do vento varia de mais alta nas zonas costeiras para mais baixa no interior. Numa base anual, as zonas do interior (Mansoura e Ismailiya) registam o norte e o noroeste como as direcções predominantes do vento, enquanto as zonas costeiras apresentam uma maior componente de noroeste. Durante o inverno, as depressões que se deslocam para norte da costa egípcia geram direcções do vento costeiro de superfície com orientação sul e sudoeste ou oeste e noroeste. As estações do interior mostram uma orientação cada vez mais para nordeste, causada pela interação entre as depressões itinerantes a norte e a célula de alta pressão subtropical a sul. Durante a primavera, verifica-se uma mudança acentuada em todas as estações para noroeste, norte e nordeste. Durante o verão, as depressões já não influenciam o Egito. Os ventos de superfície são de norte e noroeste. Nas estações costeiras, predomina a componente noroeste, enquanto no interior, em Mansoura e Ismailiya, predomina a componente norte. O padrão no outono é variável e bastante semelhante ao da primavera.

1.4.5. Humidade relativa

Os valores médios anuais para a humidade relativa mostram uma pequena diferença entre os valores da manhã e da tarde entre as zonas dos lagos, enquanto os valores do meio-dia são mais baixos no interior, provavelmente devido às temperaturas consistentemente mais elevadas do meio-dia no interior. As tendências sazonais do interior são marcadamente diferentes das do litoral. Em Mansoura, a humidade relativa mais baixa (para as três horas do dia medidas) ocorre entre abril e junho. Em agosto, regista-se um aumento acentuado para valores muito mais elevados. Uma vez que a temperatura do ar em Mansoura é elevada em julho-agosto, isto significa que há um aumento considerável do teor de humidade do ar de maio a agosto, enquanto em Damietta, um pico de humidade moderada é atingido em julho-agosto.

De acordo com o mapa da distribuição mundial das regiões áridas (UNESCO 1977), a parte mediterrânica norte do Delta do Nilo pertence à região árida. A temperatura média anual varia entre 19,6° C em Damietta e 21,1° C em Port Said (**Quadro 2**). agosto é o mês mais quente, com uma temperatura média que varia entre 25,7 oc em Damietta e 27,3 oc em Port Said. A média anual da humidade relativa varia entre 72% em Damietta e 68% em Port Said. A média anual da taxa de evaporação varia entre 4,1 mm dia^{-1} em Damietta e 6 mm dia^{-1} em Port Said, com um valor máximo de 7,2 mm dia^{-1} em Port Said em setembro e um valor mínimo de 2,8 mm dia^{-1} em Damietta em janeiro. A precipitação média anual varia entre 6,1 mm mês^{-1} em Port Said e 8,9 mm mês^{-1} em Damietta.

Quadro 2. Variação mensal da temperatura do ar (º C), da humidade relativa (%), da taxa de evaporação (mm) e da precipitação (mm) registadas em duas estações meteorológicas na fronteira oriental (Damietta) e ocidental (Port Said) do Lago Manzala. Os valores mínimos e máximos estão sublinhados (Normais Climatológicas para a República Árabe Unida, 1945-1975).

Mês	Damieta						Porto Said					
	Temperatura			RH	EV	RF	Temperatura			RH	EV	RF
	Mínimo	Máximo	Média				Mínimo	Máximo	Média			
janeiro	8.4	18.3	12.8	75	2.8	25.5	11.2	18.1	14.2	71	4.5	13.5
fevereiro	8.8	18.6	13.4	72	3.3	17.2	11.8	18.8	14.7	68	5.5	11.7
março	11.1	20.5	16.6	70	4.1	10.7	13.3	20.4	16.4	66	6.2	8.8
abril	13.6	23.1	18	69	4.6	3.7	15.6	22.6	18.7	69	6.2	3.7
maio	16.8	26.6	20.9	68	5.1	1.9	19.1	25.7	21.8	69	6.5	2.2
junho	19.8	29.2	24.4	70	5.4	0.1	22.2	28.6	25	70	7.1	0
julho	21.2	30.6	25.4	70	4.9	0	23.8	30.4	26.6	71	7.1	0
agosto	21.4	31	25.7	76	4.6	0	24.4	30.9	27.3	71	7	0
setembro	20	29.4	24.3	75	4.4	0.5	23.5	29.5	26.1	68	7.2	0.2
outubro	18.4	27.4	22.2	74	4.2	7.1	21.4	27.4	24.3	68	7	6.3
novembro	15.2	23.9	18.1	75	3.5	15.4	18	23.9	20.6	70	6	8.9
dezembro	10.6	19.8	14.5	74	2.8	24.6	13.1	19.9	16	71	4.6	18
Média	15.4	24.5	19.6	72	4.1	8.9	17.8	25.4	21.1	68	6	6.1

1.5. HIDROLOGIA

O lago Manzala recebe a água doce e de drenagem através de sete drenos principais nas suas margens sul e oeste. O orçamento de nutrientes do Lago Manzala propriamente dito depende principalmente de grandes quantidades de nutrientes transportados para o lago através dos drenos principais. A água destes esgotos nas partes sul e oeste está muito poluída, com grandes quantidades de sólidos em suspensão (Dowidar e Abdel-Moati 1983).

1.5.1. Factores físicos

1.5.1.1. Vento

O vento desempenha um papel importante nas propriedades liominológicas dos lagos do Delta do Nilo Norte. Tem uma ação de mistura que reduz qualquer estratificação físico-química devido à pouca profundidade do lago. Além disso, afecta o lago através da agitação dos sedimentos do fundo. Este processo pode ajudar a libertar do fundo os sais nutritivos absorvidos e regenerados. A ação do vento ajuda também a dissolver o oxigénio atmosférico necessário para as actividades metabólicas de vários organismos (Shakweer 2005). Os ventos fortes do norte, que sopram regularmente de março a setembro, acumulam a água do mar ao longo da costa, elevando o nível do mar, e podem contribuir para transportar a água do mar para o lago. A direção e a velocidade do vento que sopra no Lago Manzala durante todo o ano podem ser brevemente indicadas como se segue:

1. Durante o inverno, o vento em Port Said sopra principalmente de NE, NW e SW, com velocidades que variam entre 4 e 10 nós;

2. Durante a primavera, o vento sopra principalmente de NW, menos de SE e SW, com velocidades que variam entre 4 e 6 nós;

3. Durante o verão, o vento é calmo (NW), com velocidades moderadas de 1 a 3 nós;

4. Durante o outono, o vento sopra principalmente de NE e NW, com velocidades que variam entre 4 e 6 nós.

1.5.1.2. Temperatura

Para além do efeito da temperatura sobre as caraterísticas químicas e físicas do ambiente, tem um grande efeito sobre as actividades vitais dos organismos vivos.

A temperatura influencia a colheita total de fitoplâncton, onde diminui durante o inverno e recupera o seu máximo durante o verão. Devido à pouca profundidade do lago Manzala, juntamente com a mistura comum de água pelo vento, a estratificação térmica foi difícil de ser estabelecida no corpo de água do lago (Wahby et al. 1972). Foi observado que a temperatura média da água varia entre 12.4^0 C durante janeiro e 29.1 0C durante julho (**Tabela 3**).

1.5.1.3. Transparência

A transparência pode ser considerada como um indicador da percentagem de luz que atravessa a água. Sabe-se que a transparência da água é geralmente baixa nos lagos deltaicos do norte do Egito. Este facto pode ser atribuído à sua pouca profundidade e à perturbação contínua do fundo lodoso pela ação do vento (Shakweer 2005). Observou-se que a profundidade mais baixa do sechi (57 cm) foi registada em janeiro; esta baixa transparência registada pode ser atribuída ao vento tempestuoso que normalmente sopra sobre o lago durante este mês. Este facto provoca a agitação dos sedimentos do fundo e aumenta a turvação da água. Por outro lado, a transparência mais elevada (76 cm) foi registada na zona próxima da ligação lago-mar durante o mês de novembro. A elevada transparência desta zona pode dever-se à sua grande profundidade, em comparação com as outras zonas do lago.

1.5.2. Factores químicos

1.5.2.1. Concentração de iões de hidrogénio

O ião hidrogénio desempenha um papel importante em muitos dos processos vitais e organismos vivos no ambiente aquático. A medição do pH no habitat aquático é essencial, pois reflecte a atividade biológica e as mudanças na água, bem como a extensão da poluição da água. O valor máximo de pH no Lago Manzala (8,6) foi registado em janeiro, enquanto o mínimo (8,2) foi registado em julho (**Tabela 3**).

1.5.2.2. Sólidos totais dissolvidos

O total de sólidos dissolvidos (TDS) na água do Lago Manzala é obviamente afetado por vários factores, sendo os mais importantes a descarga contínua de água de drenagem e a frequente entrada de água do mar através da ligação lago-mar. A evaporação acelerada pela alta temperatura do verão, bem como a água da chuva, estão entre os factores que influenciam o TDS no lago, que varia entre 1,5 g l^{-1} durante novembro e 2,7 g l^{-1} durante julho. Comparativamente, os valores mais elevados de TDS foram encontrados na zona nordeste do lago, perto da ligação lago-mar (saídas do mar de El-Gamil e El-Qabuti), onde o valor médio foi de 6,3 gl^{-1} .

1.5.2.3. Oxigénio dissolvido

O oxigénio dissolvido (OD) é considerado como um dos factores importantes que controlam a biota no habitat aquático. O teor de oxigénio pode ser utilizado como um indicador da carga orgânica, da entrada de nutrientes e da atividade biológica. O valor mais elevado de DO foi atingido em novembro (9,4 μml^{-1}), enquanto o mínimo foi atingido em setembro (7,8 μml^{-1}). No entanto, pode observar-se que a temperatura média da água foi baixa em novembro

$(15,7^0$ C), enquanto foi relativamente alta em setembro $(26,9^0$ C). Isto pode indicar que o aumento relativo da temperatura da água pode levar à diminuição do OD na água do lago.

1.5.2.4. Nutrientes

A concentração de nutrientes dissolvidos no lago e as suas variações são determinadas por uma série de factores, tais como a entrada de água de drenagem, a remoção da assimilação pelas plantas e a mistura da água do lago através da ligação lago-mar. As águas provenientes principalmente das drenagens de Bahr El-Bakar e Hados afectam principalmente as águas da região sudeste do lago. As estimativas dos nutrientes presentes na água do lago Manzala são as seguintes (quadro 3):

1. A distribuição de fosfatos no lago reflecte o padrão da água de drenagem para o lago. O valor mais elevado de fosfato foi registado em março (4,9 μml^{-1}), enquanto o mais baixo foi registado em julho (1,2 μml^{-1}). Observou-se que os fosfatos tinham os seus valores mais elevados na direção sudeste e diminuíam para norte.

2. O amoníaco nos sistemas aquáticos pode resultar da decomposição bacteriana de matéria orgânica contendo azoto. A concentração média de amoníaco na água do Lago Manzala variou entre 0,6 μmf^{l} durante o mês de maio e 10,6 μmf^{l} durante o mês de janeiro.

Tabela 3. Variação sazonal (média ± desvio padrão) nas caraterísticas físicas e químicas das águas do Lago Manzala (modificado após Shakweer 2005).

Water variable		Month					
		Jan	Mar	May	Jul	Sep	Nov
Physical factors							
Temperature (°C)		12.4 ± 0.7	17 ± 0.8	25.2 ± 0.9	29.1 ± 1.1	26.9 ± 0.8	15.7 ± 0.5
Depth (cm)		150 ± 21.8	152.2 ± 22.8	158.9 ± 29.3	134.4 ± 15.1	161.1 ± 15.4	157.8 ± 31.5
Transparency (cm)		56.7 ± 39.1	67.8 ± 38.3	70.0 ± 49.5	70.0 ± 30.0	73.8 ± 35.8	75.7 ± 49.0
Chemical factors							
pH		8.6 ± 0.2	8.5 ± 0.2	8.3 ± 0.4	8.2 ± 0.2	8.5 ± 0.2	8.5 ± 0.2
Dissolved oxygen (mg l^{-1})		8.4 ± 0.6	8.1 ± 0.4	7.9 ± 1.4	8.3 ± 1.5	7.8 ± 0.4	9.4 ± 1.2
TDS (g l^{-1})		1.77 ± 0.4	4.0 ± 3.8	4.4 ± 2.4	2.7 ± 0.8	2.2 ± 0.5	1.5 ± 1.3
NH_4^{+1}		10.6 ± 16.6	1.7 ± 2.3	0.6 ± 0.3	0.7 ± 0.9	0.9 ± 1.7	10.4 ± 11.4
NO_2^{-1}		3.8 ± 3.5	1.8 ± 3.9	2.3 ± 0.7	1.2 ± 3.0	1.4 ± 1.4	4.6 ± 4.1
NO_3^{-1}	μm l^{-1}	17.8 ± 15.7	5.0 ± 5.7	2.7 ± 0.9	5.4 ± 3.6	1.8 ± 0.9	9.31 ± 8.1
SiO_4^{-2}		6.9 ± 2.4	5.1 ± 2.6	6.9 ± 1.0	28.7 ± 27.2	8.0 ± 4.0	5.8 ± 1.5
PO_4^{-3}		2.7 ± 2.2	4.9 ± 3.4	2.7 ± 1.7	1.2 ± 0.9	1.7 ± 0.7	4.7 ± 2.9

3 As concentrações de nitritos variaram entre 1,2 μml^{-1} durante julho e 4,6 μmf^{l} durante

novembro. Os valores mais elevados de nitritos foram registados em novembro e janeiro, em comparação com os outros meses.

4 Os lagos do Delta do Egito caracterizam-se por uma rápida regeneração de sais nutrientes, especialmente nitratos. O aumento da descarga das águas de drenagem enriquece o lago Manzala com nutrientes. No entanto, a produção de nitritos no lago está firmemente correlacionada com a redução de nitratos. As concentrações médias de nitratos variaram entre 1,8 μm l^{-1} em setembro e 17,8 μm l^{-1} em janeiro.

5 As diatomáceas desempenham um papel importante na influência das concentrações de silicatos nos habitats aquáticos. O valor mais elevado de silicatos foi registado em julho (28,7 μm l^{-1}), enquanto o mais baixo foi registado em março (5,1 μm l^{-1}).

1.1.3. Qualidade da água do lago

O lago Manzala foi dividido em cinco regiões de qualidade da água que geralmente coincidem com os regimes de salinidade: regiões sul, leste, leste-oeste, oeste e norte (Khalaf 2001).

A região sul situa-se na parte sudeste do lago (designada por El- Genki). As águas das drenagens de Hadous e Ramsis afluem a esta região. Representam 78% do afluxo total ao lago e cerca de 82% da carga de nutrientes. Os níveis de salinidade nesta região são baixos (1000 - 4000 mg l^{-1}), enquanto os níveis de nutrientes são elevados. Aqui, os níveis de azoto e de fósforo são os mais elevados em comparação com as outras regiões. Os níveis de amoníaco livre, em condições adequadas de pH e temperatura, podem atingir níveis tóxicos para alguns peixes. Os nitratos, os nitritos e o fósforo são também muito elevados. O oxigénio dissolvido varia entre 2,4 mg l^{-1} no verão e 13,2 mg l^{-1} no inverno. A depressão do verão pode ser atribuída ao ambiente altamente produtivo promovido pelos elevados níveis de nutrientes.

A região oriental recebe os fluxos de água doce rica em nutrientes da parte sudeste do lago. Este fluxo é induzido pelas saídas do mar em El-Gamil e El-Qabuti Junction, pelo efeito de drenagem do canal Matariya-Port Said e pelos ventos predominantes de noroeste (no verão). Os níveis de salinidade na parte do lago aberto são ligeiramente superiores aos de El-Genki, mas são ainda considerados baixos. Esta parte oriental é ligeiramente salobra (2000 a 5000 mg l^{-1}), enquanto a zona ao longo da faixa costeira norte é de transição (até 15000 mg l^{-1}) para salobra (até 25000 mg l^{-1}). Para além do fluxo proveniente da região sul, os nutrientes são também descarregados na região leste pelos esgotos de Port Said. Em geral, a região oriental apresenta níveis mais baixos de azoto e fósforo e valores mais elevados de oxigénio dissolvido do que a região sul. Por conseguinte, a depressão do oxigénio dissolvido no verão é quase impercetível.

A região Este-Oeste ocorre na parte média do lago e é influenciada pelo afluxo de água relativamente doce do canal Inaniya e das drenagens de Fariskur e Sirw. Os níveis de salinidade são ligeiramente salobros (2000 - 5000 mg l^{-1}). Os esgotos que entram na parte ocidental do lago são pobres em nutrientes, pelo que a única fonte significativa de nutrientes para esta região é o fluxo de nutrientes subutilizados que escapam da região sul. O carácter nutritivo da região é definido como baixo. A depressão mínima do oxigénio dissolvido ocorre no verão.

A região ocidental compreende a extremidade oeste do lago e recebe as águas de drenagem das mesmas fontes que a região este-oeste. No entanto, esta zona é, em média, menos salina. Os teores de nutrientes são semelhantes aos da região este-oeste (ou seja, baixos).

A região norte, situada no canto noroeste do lago, é uma zona com pouca circulação de água e não é influenciada pelo fluxo de água doce para o lago. Os níveis de salinidade variam de salobra (15.000 - 20.000 mg l^{-1}) a salina (30.000 g l^{-1}). Os níveis de salinidade variam consideravelmente entre o verão (com níveis elevados devido à direção do vento e à evaporação) e o inverno (com níveis moderados de salinidade). Os níveis de nutrientes são moderados.

1.6. TIPOS DE HABITAT

Seis tipos principais de habitat são reconhecidos na zona húmida da Manzala: os sapais, as formações arenosas, os cortes do lago, as drenagens, o lago propriamente dito e os ilhéus do lago (**Fig. 9**). As afirmações que se seguem constituem uma breve descrição destes habitats, incluindo as caraterísticas físicas e químicas dos seus solos.

1.6.1. Pântanos salgados

Os pântanos salgados costeiros são terras baixas perto das costas, cobertas de água durante a maré alta. Apresentam uma salinidade crescente, particularmente com o aumento da taxa de evaporação, e estão cobertos por plantas tolerantes ao sal, com elevada capacidade de retenção e fixação de depósitos no solo. A ação das marés é considerada um dos principais factores responsáveis pela formação e desenvolvimento dos sapais ao longo da barra marinha do lago Manzala. Com a extensão da água durante a preia-mar e o recuo durante a vazante, e com a suave inclinação da costa, as águas de maré estendem-se para cobrir vastas áreas que aumentam com a ocorrência de ondas de tempestade. A vegetação natural desempenha um papel importante no desenvolvimento e na evolução dos pântanos salgados, uma vez que conduz a um aumento da taxa de evaporação e da salinidade. Além disso, o forte crescimento de plantas tolerantes ao sal retém os depósitos e ajuda a nivelar os leitos dos pântanos (por exemplo, *Arthrocnemum macrostachyum*).

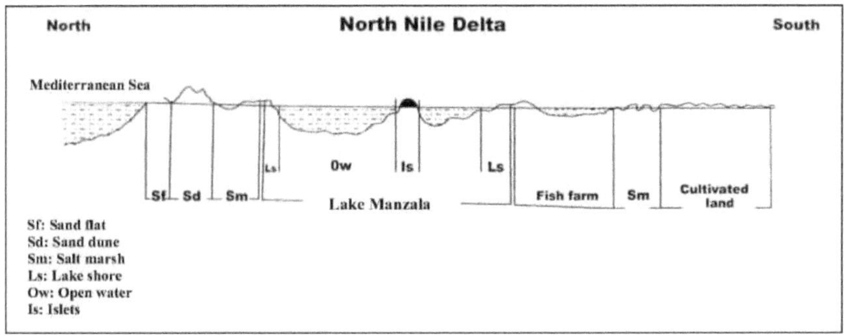

Fig. 9. Principais tipos de habitat na zona húmida da Manzala (modificado de Shaltout et al. 2010).

1.6.2. Formações de areia

Três tipos de formações arenosas cobrem a superfície da barra marinha do lago Manzala: planícies (ou lençóis) de areia, colinas e dunas. As planícies de areia cobrem uma vasta área da barra marinha e têm algumas ondulações e, por vezes, formam as chamadas "ondulações de areia". Os montes de areia são dunas embrionárias cuja altura varia de alguns centímetros a alguns metros. Apresentam uma forma domal ou longitudinal. As suas faces a barlavento estão cobertas por algumas ervas e arbustos (por exemplo, *Imperata cylindrica* e *Tamarix nilotica*, respetivamente) que contribuem para a fixação destes montes. Estes montes podem fundir-se para formar grandes dunas cobertas por uma vegetação densa. As formações de dunas costeiras são areias desérticas provenientes do deserto ocidental, onde os ventos ocidentais predominantes contribuíram para a sua formação, depois de se misturarem com os depósitos do Nilo dos antigos ramos deltaicos do Nilo e com os depósitos marinhos transportados pelas correntes marinhas, particularmente na parte nordeste da barra marinha (El-Bayomi 1999).

1.6.3. Cortes no lago

Este habitat representa as terras recentes resultantes do processo de secagem que teve lugar ao longo das margens do Lago Manzala. Algumas destas terras foram usadas na construção de assentamentos humanos e outras foram recuperadas para cultivo; culturas de campo, pêssego e melancias ou como viveiros de peixes. Algumas outras partes secas ainda estão em pousio e foram sujeitas a sucessão vegetal secundária.

A maior parte das terras cultivadas no Egito são irrigadas pelo Nilo através de uma rede de canais de irrigação e drenadas por uma rede semelhante de canais de drenagem. A drenagem dos solos tem desempenhado um papel importante no desenvolvimento da agricultura no Delta do Nilo. Normalmente, o solo precisava de ser drenado devido ao lençol freático elevado, à má drenagem superficial, ao movimento lento da água através dos perfis do solo e à necessidade de minimizar o nível de sal no solo. As drenagens mais importantes são as de Bahr El-Bakar, Hadous, Ramses, Al-Sirw, Abu Garida e Faraskur. Outras aberturas através das quais o lago recebe água doce são os canais Inaniya e El-Alaqi, que derivam do braço de Damietta do rio Nilo. O lago tem sido mal administrado durante as últimas décadas, funcionando como reservatório de resíduos provenientes de várias direcções. Os efluentes de mais de 200 unidades de tratamento de águas residuais e de cerca de 80 instalações industriais são despejados no lago, enquanto 6×10^6 m^3 dia^{-1} de resíduos não tratados, bem como de produtos agroquímicos (fertilizantes e pesticidas) são descarregados no lago (Hussein 1997). Os esgotos, como habitat principal, foram classificados em quatro micro-habitats (ou seja, zonas): terraços, declives, margens e águas abertas (**Fig. 10**).

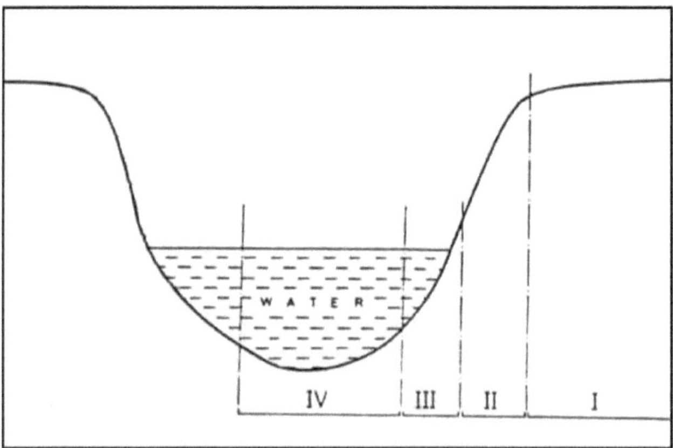

Fig. 10. As quatro zonas dos drenos. I: terraço, II: declive, III: margem da água, IV: água aberta (segundo Shaltout et al., 2010).

1.6.5. Lago Próprio

O lago Manzala é um lago de água salobra pouco profundo, com uma profundidade que varia entre 0,7 e 1,5 m (Wahby et al. 1972). O lago tem um comprimento máximo de cerca de 65 km e uma largura máxima de 49 km. O lago propriamente dito é classificado em dois habitats: margem do lago e águas abertas. A linha de costa assume várias formas relacionadas basicamente com a sua formação, origem e evolução. A largura das águas abertas do lago, de norte a sul, varia de um sítio para outro. A área do lago foi reduzida para 1200 km^2 em 1980 como resultado da recuperação de terras (Meininger & Mullie 1981). A área original do Lago Manzala era de cerca de 1709 km^2 em 1900 (El-Sabrouti 1990). Vastas áreas da superfície da água estão cobertas com o junco comum emergente (*Phragmites australis*), e o sagu submerso (*Potamogetonpectinatus*).

1.6.6. Ilhotas

O lago Manzala é caracterizado por um grande número de ilhéus (cerca de 1022) que compreendem cerca de 180 km^2 (15% da área total do lago). Alguns ilhéus são de natureza argilosa; outros são arenosos, enquanto outros ainda são compostos por conchas de moluscos. Os ilhéus arenosos são geralmente mais pequenos do que os argilosos e têm uma área muito variável. Os formados por conchas de moluscos são geralmente muito pequenos e irregulares (Zahran et al. 1989). Devido à continuidade dos efeitos dos processos geomorfológicos (por exemplo, sedimentação, erosão e inundação), o número, o tamanho, as dimensões e a localização destes ilhéus mudam de tempos a tempos. Deslocam-se das suas localizações ou fundem-se quando se tornam próximas umas das outras. O forte crescimento de canas e juncos (por exemplo, *Phragmites ausralis* e *Typha domingensis*, respetivamente) facilita a fusão dos ilhéus próximos.

1.7. COMUNIDADE BIÓTICA

Com base na abordagem ecossistémica (**Fig. 11**), a comunidade biótica do Lago Manzala é classificada em três grandes grupos: produtores, consumidores e saprotróficos. Os produtores são classificados em plantas vasculares e fitoplâncton (i.e. algas). Os consumidores são classificados em três níveis tróficos: consumidores primários (i.e. herbívoros), consumidores secundários (i.e. carnívoros primários) e consumidores terciários (carnívoros secundários). O zooplâncton e o zoobentos são principalmente consumidores primários, mas os outros grupos animais (invertebrados terrestres, peixes, répteis, anfíbios, aves e mamíferos) têm membros que pertencem aos três níveis de consumidores. Os saprótrofos são principalmente as bactérias e os fungos de decomposição.

1.7.1. Produtores

Foi registado um total de 144 espécies de plantas vasculares na zona húmida da Manzala (62 anuais e 82 perenes), incluindo 16 hidrófitas (as mais comuns são *Potamogeton pectinatus* e *Ceratophyllum demersum*) e um feto (*Azolla ficliculoides*). A mais comum de todas estas espécies é o junco comum *Phragmites australis*. As gramíneas têm a maior contribuição (22,2 % do total de espécies) para a flora da Manzala; são a componente predominante da composição de espécies (Shaltout e Galal 2006). A comunidade fitoplanctónica inclui cerca de 383 espécies de algas: 253 Bacillariophytes (Diatomáceas), 70 Chlorophytes, 49 Cyanophytes (Essa 2013). Os primeiros três grandes grupos têm uma biomassa elevada, enquanto os outros grupos têm uma contribuição menor (El-Sherif 1993).

1.7.2. Consumidores

A comunidade zooplanctónica no lago Manzala inclui 24 taxa representados por géneros, espécies ou estágios de desenvolvimento (MacLaren 1982); destes, 3 géneros compreendem 75 % do número total de zooplâncton no lago (*Cladocerous-Diaphanosoma, Bosmina* e *Moina dubia*). O copópode Cyclops representava ainda 22 %, enquanto todos os outros grupos contribuíam com cerca de 3 %, incluindo vários géneros não planctónicos (o ostracode *Cyprideis*, o isópode *Sphaeroma* e o anfípode *Gammarus*). Além disso, foram registadas 23 espécies de fauna bentónica, das quais 15 espécies são representadas por bivalves e moluscos gastrópodes, 2 de anelídeos e 6 de artrópodes (MacLaren 1982).

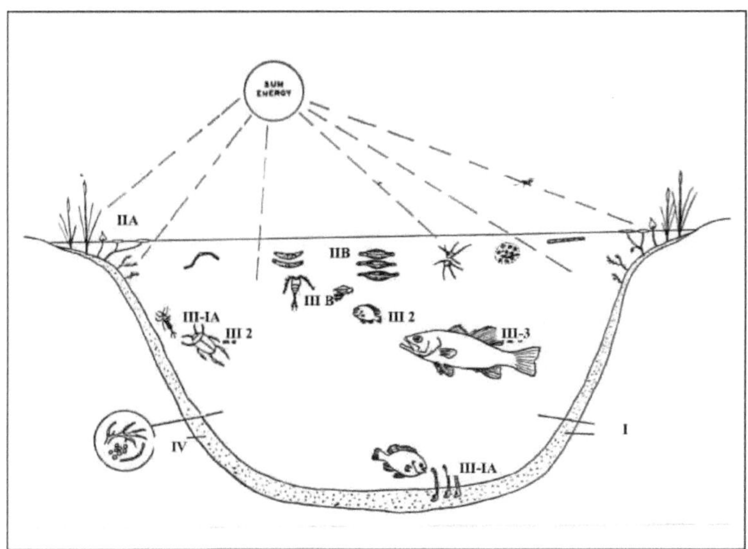

Fig. 11. Diagrama de um ecossistema lacustre. As unidades básicas são as seguintes: I: substâncias abióticas - compostos inorgânicos e orgânicos básicos, IIA: produtores - vegetação enraizada, IIB: produtores - fitoplâncton, III-IA: consumidores primários (herbívoros) - zoobentos de fundo, III-B: consumidores primários (herbívoros) - zooplâncton, III-2: consumidores secundários (carnívoros primários), III-3: consumidores terciários (carnívoros secundários), IV: saprotróficos - bactérias e fungos de decomposição. O metabolismo do sistema depende da energia solar, enquanto a taxa de metabolismo e a estabilidade relativa do lago dependem da taxa de entrada de materiais provenientes da chuva e da bacia de drenagem em que o lago está localizado (modificado por Shaltout et al., 2010 a partir de Odum 1971).

A composição de espécies de peixes difere muito no Lago Manzala de área para área (Shaltout e Galal 2007). As amostras mostraram que *Oreochromis aureus* dominou a captura total de Tilápias (44%), seguido por *Tilapia zilli* (38%), *Oreochromis niloticus* (13%) e *Sarotherodon galilaeus* (5%). Existem 20 espécies pertencentes a 16 géneros (Saleh 1997) de répteis e anfíbios (Herpetofauna), incluindo a osga egípcia (*Tarentola annularis*), o lagarto de manchas vermelhas (*Mesalina rubropunctata*) e a cobra-da-beleza-africana (*Psammophis sibilans*). Além disso, Hoath (2003) registou 12 espécies de mamíferos, incluindo o ouriço-cacheiro de orelhas compridas (*Hemiechinus auritus*), o gato-do-pântano (*Felis chaus*) e o mangusto egípcio (*Herpestes ichneumon*). De acordo com as categorias da lista vermelha estabelecidas pela União Internacional para a Conservação da Natureza (UICN), duas espécies (*Canis aureus* e *Felis chaus nilotica*) são consideradas vulneráveis (Basuony 2000).

Embora não exista uma lista de verificação para a avifauna do Lago Manzala, esperava-se que fosse um número situado entre as 112 espécies registadas para o Lago Burullus ao longo da costa deltaica (Shaltout e Khalil 2005) e as 242 espécies registadas para o Lago Bardawil ao longo da costa norte do Sinai (Khalil e Shaltout 2006). No entanto, Baha El-Din (1999, 2006) e Porter e Cottridge (2001) registaram 44 espécies pertencentes a 38 géneros e 20 famílias na zona húmida de Manzala. Duas espécies são endémicas: Pomba risonha *Streptopelia sengalensis aegyptiaca*, Cocho do Senegal *Centropus sengalensis aegyptius* (Tharwat e Hamied 2000); uma rara (Alfaiate-pintado *Recurvirostra avosetta*); e outra globalmente ameaçada (Pato-ferruginoso *Aythya nyroca*).

1.7.3. Saprotróficos

As bactérias e fungos aquáticos estão distribuídos por todos os rios, charcos e lagos, mas são especialmente abundantes na interface lama-água ao longo do fundo onde se acumulam corpos de plantas e animais (Odum 1971). Os saprotróficos no Lago Manzala são principalmente bactérias e fungos de decomposição. Os dados disponíveis sobre ambos os grupos são muito limitados; apenas dois artigos foram publicados recentemente em 2002 e 2004. O primeiro trabalho trata dos fungos zoospóricos recuperados de três lagos do norte (Edku, Burullus e Manzala) e do lago Qaron (Mahmoud e Abou Zeid 2002). O segundo foi publicado por El-Hissy et al. (2004) sobre a diversidade de fungos zoospóricos recuperados das águas superficiais de quatro lagos, incluindo Burullus e Manzala no norte, Qaron no centro e Nasser no sul. Sem dúvida que esta lacuna de informação deve ser preenchida tendo em conta o importante papel biológico dos organismos saprotróficos na dinâmica dos ecossistemas aquáticos.

Capítulo 2

Biodiversidade

O lago Manzala é um sistema altamente modificado, muito diferente atualmente do seu estado há cem anos atrás. A introdução da irrigação perene, a construção de canais e drenos, a descarga de nutrientes e a recuperação de terras para a agricultura são em grande parte responsáveis por essas mudanças. Atualmente, o Lago Manzala é caracterizado por uma baixa salinidade no sul e oeste, água salobra na maior parte do resto da área e águas salinas no extremo noroeste.

Os nutrientes provenientes das principais drenagens criaram condições eutróficas nas partes do lago mais próximas das saídas das drenagens. Estas condições alteraram a biota aquática, dando origem a um sistema menos diversificado, mas altamente produtivo, que suporta um elevado rendimento da pesca da tilápia, especialmente na zona de El-Genki. O lago continua a ser um habitat importante para muitas espécies, incluindo um certo número de aves aquáticas. O aumento da carga de nutrientes no sector sul do lago pode exceder a capacidade de assimilação ambiental e os limites de tolerância das principais espécies de peixes comerciais. O sector norte e partes do sector oeste, que são relativamente menos afectados pela carga de resíduos e nutrientes, constituem uma reserva para peixes "naturais" e outras espécies aquáticas. A preservação destas zonas para esse efeito permitiria uma maior flexibilidade na gestão da pesca e do lago.

2.1. FLORA E VEGETAÇÃO

2.1.1. Caraterísticas florísticas

De acordo com Galal et al. (2012), 144 espécies pertencentes a 107 géneros e 47 famílias foram registadas no Lago Manzala. Gramineae teve a maior contribuição com 22,2% seguido de Chenopodiaceae com 12,5% **(Tabelas 4 e 5)**.

Table 4. Hábitos e estado das espécies anuais registadas no Lago Manzala. AW: erva daninha aquática, TW: erva daninha terrestre, EP: escapou do cultivo e NP: planta natural (após Galal et al. 2012).

Species	Status	Family	Vernacular name
Amaranthus viridis L.	TW	Amaranthaceae	أمارنتون
Anethum graveolens L.	ES	Umbelliferae	شبت
Avena fatua L.	TW	Gramineae	زمير
Azolla filiculoides Lam.	AW	Azollaceae	أزولا
Bassia indica (Wieght) A. J. Scott	TW	Chenopodiaceae	كوخيا
Beta vulgaris L.	TW	Chenopodiaceae	سلق
Brassica nigra (L.) Koch	TW	Cruciferae	لسبان
Brassica tournefortii Gouan	TW	Cruciferae	شرطام
Bromus aegyptiacus Tausch	TW	Gramineae	خفور
Bromus diandrus Roth	TW	Gramineae	خفور
Cakile maritima Scop.	NP	Cruciferae	رشاد البحر
Capsella bursa-pastoris (L.) Medik.	TW	Cruciferae	كيس الراعى
Carex divisa Huds.	AW	Cyperaceae	صرد
Centaurium pulchellum (Sw.) Druce	NP	Gentinaceae	أقوليه
Chenopodium album L.	TW	Chenopodiaceae	ركب الجمل
Chenopodium ambrosioides L.	TW	Chenopodiaceae	زربيح
Chenopodium murale L.	TW	Chenopodiaceae	لسان الثور
Cichorium endivia L.	TW	Compositae	شيكوريا
Conyza bonariensis (L.) Cronquist.	TW	Compositae	حشيشة الجبل
Corchorus olitorius L.	ES	Tiliaceae	ملوخية
Cutandia memphitica (Spreng.) K. Richt.	TW	Gramineae	صامه
Cyperus deformis L.	TW	Cyperaceae	عجير
Dactyloctenium aegyptium (L.) Willd.	TW	Gramineae	رجل الحبابة
Echinochloa crusgalli (L.) P. Beauv.	TW	Gramineae	دنيبة
Echinocloa colona (L.) Link	TW	Gramineae	أبو ركبة
Eclipta prostrata (L.) L.	AW	Compositae	سويد
Eleusine indica (L.) Gaertn	TW	Gramineae	---
Frankenia pulverulenta L.	NP	Frankeniaceae	حميشة
Fumaria densiflora DC.	TW	Fumaraceae	زيته
Hordeum marinum Huds.	TW	Gramineae	بهمى
Juncus bufonius L.	AW	Juncaceae	شعر القرد
Lamium amplexicaule L.	TW	Labiatae	فم السمكة
Lobularia arabica (Boiss.) Muschl.	NP	Cruciferae	دحيان
Lolium perenne L.	TW	Gramineae	حشيش الفرس
Lolium rigidum Gaudin	TW	Gramineae	سحلة
Malva parviflora L.	TW	Malvaceae	خبيزة
Melilotus indicus (L.) All.	TW	Leguminosae	حندقوق
Mesembryanthemum crystallinum L.	NP	Aizoaceae	غسول
Mesembryanthemum nodiflorum L.	NP	Aizoaceae	سمح
Najas marina subsp. *armata* (H. Lindb.) Horn	AW	Najadaceae	حامول

Species	Status	Family	Vernacular name
Parapholis incurva (L.) C. E. Hubb.	NP	Gramineae	شعير الفار
Phalaris minor Retz.	TW	Gramineae	شعير الفار
Poa annua L.	TW	Gramineae	سبل أبو الحسين
Polypogon monspeliensis (L.) Desf.	TW	Gramineae	ديل القط
Portulaca oleracea L.	TW	Portulacaceae	رجلة
Potentilla supina L.	TW	Rosaceae	زغلول
Ranunculus sceleratus L.	AW	Ranunculaceae	زغلنتة
Rorippa palustris (L.) Besser	NP	Cruciferae	---
Rumex dentatus L.	TW	Polygonaceae	حميض
Salicornia europaea L.	NP	Chenopodiaceae	أبو ساق
Salsola kali L.	NP	Chenopodiaceae	إشنان
Schismus barbatus (L.) Thell.	NP	Gramineae	زغب الفار
Senecio glaucus subsp. *coronopifolius*	TW	Compositae	قريص
Senecio glaucus subsp. *glaucus* L.	TW	Compositae	قريص
Senecio vulgaris L.	TW	Compositae	مرار
Setaria verticillata (L.) P.Beauv.	TW	Gramineae	قمح الفار
Soneuhs oleraceous L.	TW	Compositae	جعضيض
Sphenopus divaricatus (Gouan) Rchb.	TW	Gramineae	---
Stellaria pallida (Dumort.) Murb.	TW	Caryophyllaceae	حشيشة القزاز
Suaeda maritima (L.) Dumort.	NP	Chenopodiaceae	خريزة
Urospemum picroides (L.) F. W. Schmidt.	TW	Compositae	سليس
Urtica urens L.	TW	Urticaceae	حريق

Table 5. Hábitos e forma de vida das espécies perenes registadas no Lago Manzala. AW: erva aquática, TW: erva terrestre, EP: fuga ao cultivo e NP: planta natural (segundo Galal et al. 2012).

Species	Status	Family	Vernacular name	Life form
Aeluropus lagopoides (L.) Trin. ex Thwaites	TW	Gramineae	نجيل شيطانى	Geophyte-Helophyte
Aeluropus massauensis (Fres.) Mattei	NP	Gramineae	حنجنيم	Geophyte-Helophyte
Alternanthera sessilis (L.) DC.	AW	Amaranthaceae	لقمة الحمل	Geophyte-Helophyte
Arthrocnemum macrostachyum (Moric.) K. Koch	NP	Chenopodiaceae	شنان	Chamaephyte
Arundo donax L.	AW	Gramineae	غاب	Geophyte-Helophyte
Atriplex farinosa Forssk.	NP	Chenopodiaceae	قطف	Phanerophyte
Atriplex portulacoides L.	NP	Chenopodiaceae	قطف	Chamaephyte
Carex extensa Good	NP	Cyperaceae	صرد	Hemicryptophyte
Centauria calcitrapa L.	TW	Compositae	شوك	Chamaephyte
Ceratophyllum demersum L.	AW	Ceratophyllaceae	نخشوش الحوت	Hydrophyte
Cistanche phelypaea (L.) Cout.	NP	Orobanchaceae	دنون	Parasite
Cistanche tubulosa (Schenk) Hook. f.	NP	Orobanchaceae	هالوك	Parasite
Cressa critica L.	TW	Convolvulaceae	أبو حصابة	Hemicryptophyte
Cynanchum acutum L.	TW	Asclepiadaceae	عليق	Phanerophyte
Cynodon dactylon (L.) Pers.	TW	Gramineae	نجيل	Geophyte-Helophyte
Cyperus alopecuroides Rottb.	TW	Cyperaceae	سمار حلو	Geophyte-Helophyte
Cyperus articulatus L.	TW	Cyperaceae	بوط	Geophyte-Helophyte
Cyperus laevigatus L.	TW	Cyperaceae	بربيط	Geophyte-Helophyte
Cyperus rotundus L.	TW	Cyperaceae	سعد	Geophyte-Helophyte
Echinocloa stagnina (Retz.) P.Beauv.	AW	Gramineae	نسيلة	Geophyte-Helophyte
Eichhornea crassipes (C.Mast.) Solms	AW	Pontderiaceae	ورد النيل	Hydrophyte
Epilobium hirsutum L.	AW	Onagraceae	علفة	Hydrophyte
Frankenia hirsuta L.	NP	Frankeniaceae	غبيرة	Hemicryptophyte
Halocnemum strobilaceum (Pall.) M. Bieb.	NP	Chenopodiaceae	حطب حدادى	Chamaephyte
Halopeplis perfoliata (Forssk.) Bunge ex Asch.	NP	Chenopodiaceae	أبو ساق	Chamaephyte
Imperata cylindrica (L.) Raeusch.	TW	Gramineae	حلفا	Geophyte-Helophyte
Ipomoea carnea Jacq.	NP	Convolvulaceae	عليق الكبير	Hemicryptophyte
Juncus acutus L.	TW	Juncaceae	سمار مر	Geophyte-Helophyte
Juncus rigidus Desf.	TW	Juncaceae	سمار حصر	Geophyte-Helophyte
Juncus subulatus Forssk.	TW	Juncaceae	سمار	Geophyte-Helophyte
Leersia hexanda Sw.	AW	Gramineae	شليخ	Geophyte-Helophyte
Lemna gibba L.	AW	Lemnaceae	عدس الميه	Hydrophyte
Lemna minor L.	AW	Lemnaceae	عدس الميه	Hydrophyte
Leptochloa fusca (L.) Kunth	TW	Gramineae	أبو نعيجة	Geophyte-Helophyte
Limbarda crithmoides (L.) Dumort.	NP	Compositae	أبو جريبة	Chamaephyte
Limoniastrum monopetalum (L.) Boiss.	NP	Plumbaginaceae	زيتة	Chamaephyte
Limonium narbonence Mill.	NP	Plumbaginaceae	مليخ	Hemicryptophyte
Limonium pruinosum (L.) Chaz.	NP	Plumbaginaceae	مليح	Chamaephyte
Ludwigia stolonifera (Guill & Perr.) P. H. Raven	AW	Onagraceae	مداد	Hydrophyte
Marsilea aegyptiaca Willd.	AW	Marsileaceae	قريطة	Hemicryptophyte
Myriophyllum spicatum L.	AW	Haloragaceae	حامول	Hydrophyte

Species	Status	Family	Vernacular name	Life form
Nitraria retusa (Forssk.) Asch.	NP	Nitrariaceae	غرقد	Phanerophyte
Nymphaea caerulea Savigny.	AW	Nymphaeceae	بشنين أزرق	Hydrophyte
Nymphaea lotus L.	AW	Nymphaeceae	بشنين أبيض	Hydrophyte
Orobanche cernnua Loefl.	TW	Orobanchaceae	هالوك	Parasite
Panicum repens L.	TW	Gramineae	نجيل فارسى	Geophyte-Helophyte
Paspalidium geminatum (Forssk.) Stapf	AW	Gramineae	أبو بيض	Geophyte-Helophyte
Paspalum distichum L.	AW	Gramineae	أبو خوسة	Geophyte-Helophyte
Persicaria lapathifolia (L.) Gray	AW	Polygonaceae	قرضاب	Geophyte-Helophyte
Persicaria salicifolia (Brouss. ex Willd.) Assenov	AW	Polygonaceae	أبو عين حمرة	Geophyte-Helophyte
Persicaria senegalensis (Meisn.) Sojak	AW	Polygonaceae	لسان العصفور	Geophyte-Helophyte
Phoenix dactylifera L.	NP	Palmae	نخيل البلح	Phanerophyte
Phragmites australis (Cav.) Trin.ex Steud	AW	Gramineae	حجنة	Geophyte-Helophyte
Phyla nodiflora (L.) Greene	AW	Verbinaceae	ليبيا	Hemicryptophyte
Pistia stratiotes L.	AW	Araceae	لقمة القاضى	Hydrophyte
Plantago crassifolia Forssk.	NP	Plantaginaceae	ودنه	Hemicryptophyte
Plantago major L.	TW	Plantaginaceae	لسان الحمل	Hemicryptophyte
Pluchea dioscoridis (L.) DC.	TW	Compositae	برنوف	Phanerophyte
Polygonum equisetiforme Sm.	TW	Polygonaceae	قرضاب	Geophyte-Helophyte
Potamogeton crispus L.	AW	Potamogetonaceae	حريش	Hydrophyte
Potamogeton pectinatus L.	AW	Potamogetonaceae	ديل الفرس	Hydrophyte
Ruppia maritima L.	AW	Ruppiaceae	ريم	Hydrophyte
Saccharum spntaneum L.	AW	Gramineae	هيش	Geophyte-Helophyte
Salsola longifolia Forssk.	NP	Chenopodiaceae	حديد	Chamaephyte
Sarcocornia fruticosa (L.) A. J. Scott.	NP	Chenopodiaceae	أبو ساق	Chamaephyte
Scirpus litoralis Schard.	TW	Cyperaceae	خب	Geophyte-Helophyte
Scirpus maritimus L.	TW	Cyperaceae	ديس	Geophyte-Helophyte
Solanum nigrum L.	TW	Solanaceae	عنب الديب	Chamaephyte
Spergularia marina (L.) Bessler	TW	Caryophyllaceae	أبو غلام	Hemicryptophyte
Spergularia media (L.) C. Presl	TW	Caryophyllaceae	قزازه	Hemicryptophyte
Spirodela polyrhiza (L.) Schleiden	AW	Lemnaceae	عدس الميه	Hydrophyte
Sporopolus pungens (Schreb.) Kunth	TW	Gramineae	نجيل شوكى	Geophyte-Helophyte
Suaeda pruinosa Lange	NP	Chenopodiaceae	حطب سويدى	Chamaephyte
Suaeda vera Forssk. Ex. J. F. Gmel.	NP	Chenopodiaceae	سبطة	Chamaephyte
Suaeda vermiculata Forssk. Ex. J. F. Gmel.	NP	Chenopodiaceae	حطب سويدى	Chamaephyte
Symphyotrichum squamatum (Spreng.)Nesom	TW	Compositae	استر	Chamaephyte
Tamarix nilotica (Ehrenb.) Bunge	NP	Tamaricaceae	مور	Phanerophyte
Tamarix tetragyna Ehrenb.	NP	Tamaricaceae	دحسير	Phanerophyte
Typha domingensis (Pers.) Poir.ex Steud	AW	Typhaceae	بردى	Geophyte-Helophyte
Veronica anagallis-aquatica L.	AW	Scrophulariaceae	لبخ المويه	Geophyte-Helophyte
Zygophyllum aegyptium Hosny	NP	Zygophyllaceae	رطريط	Chamaephyte
Zygophyllum album L.f. (Maire) C. Alexander	NP	Zygophyllaceae	رطريط	Chamaephyte

2.1.1.1. Hábito das espécies

Um total de 62 espécies (43,1% do total de espécies registadas) eram anuais (por exemplo, *Cakile maritima*, *Beta vulgaris*, *Ranunculus sceleratus*, *Urtica urens*, *Avena fatua* e *Fumaria densiflora*). Por outro lado, 82 espécies (56,9%) eram perenes (e.g. *Frankenia hirsuta*, *Phragmites australis*, *Tamarix nilotica*, *Paspalidium geminatum*, *Pluchea dioscoridis*,

Panicum repens, Myriophyllum spicatum, Polygonum equisetiforme e *Ipomoea carnea*).

Trinta e cinco espécies (24,1% do total de espécies registadas) eram infestantes aquáticas (e.g. *Phragmites australis, Alternanthera sessilis, Echinocloa stagnina, Paspalidium geminatum, Persicaria senegalensis, Azolla filiculoides, Ceratophyllum demersum, Najas marina* var. *armata, Myriophyllum spicatum* e *Nymphaea caerulea*) **(Fig. 12)**. No total, 69 espécies (47,6%) eram infestantes terrestres (e.g. *Malva parviflora, Beta vulgaris, Cynanchum acutum, Cressa critica, Avena fatua, Chenopodium ambrosioides* e *Sporopolus pungens*). Por outro lado, 38 espécies (26,2) pertenciam à vegetação natural (por exemplo, *Arthrocnemum macrostachyum, Suaeda vera, Nitraria retusa, Plantago crassifolia, Astragalus annularis* e *Helianthimum stipulatum*), enquanto 8 espécies (2%) eram fugas de culturas: *Helianthus annus, Linum usitatissimum, Lycopersicum esculentum, Triticum aestivum* e *Raphanus sativus* (Shaltout et al. 2016).

2.1.1.2. Formas de vida

Sessenta espécies (41,7% do total de espécies) eram terófitas (e.g. *Amaranthus viridis, Chenopodium ambrosioides, Frankenia pulverulenta Melilotus indicus* e *Urospemum picroides*) **(Fig. 13)**; 30 espécies (20,8%) eram Geófitas-Helófitas (e.g. *Arundo donax, Juncus subulatus, Persicaria lapathifolia, Phragmites australis* e *Typha domingensis*); e 17 espécies (11,8%) eram chamaéfitas (e.g. *Limbarda crithmoides, Salsola longifolia, Suaeda pruinosa, Symphyotrichum squamatum* e *Zygophyllum aegyptium*). As hidrófitas foram representadas por 16 espécies que representam 11,1% do total de espécies (por exemplo, *Myriophyllum spicatum, Epilobium hirsutum, Nymphaea lotus, Potamogeton crispus* e *Ruppia maritime*). Onze espécies (7,6%) eram hemicriptófitas (e.g. *Ipomoea carnea, Phyla nodiflora, Plantago major, Spergularia marina* e *Spergularia media*). Os fanerófitos foram representados por 7 espécies (4,9%: e.g. *Cynanchum acutum, Phoenix dactylifera, Pluchea dioscoridis, Tamarix nilotica* e *Tamarix tetragyna*). Por outro lado, os parasitas foram representados por três espécies (2,1%: por exemplo, *Cistanche phelypaea, Cistanche tubulosa* e *Orobanche cernnua*).

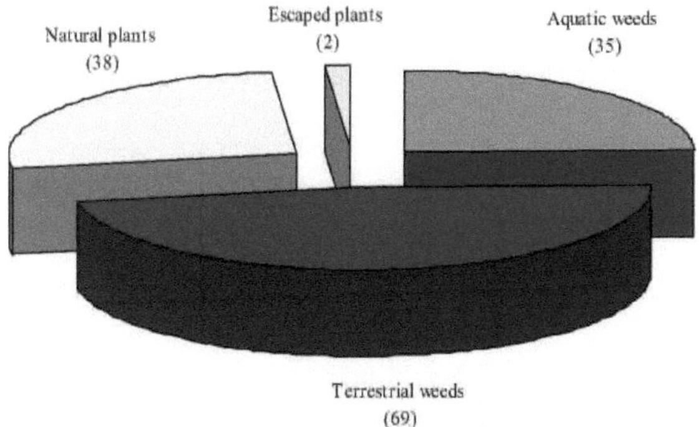

Fig. 12. Estado das espécies no Lago Manzala (segundo Galal et al. 2012).

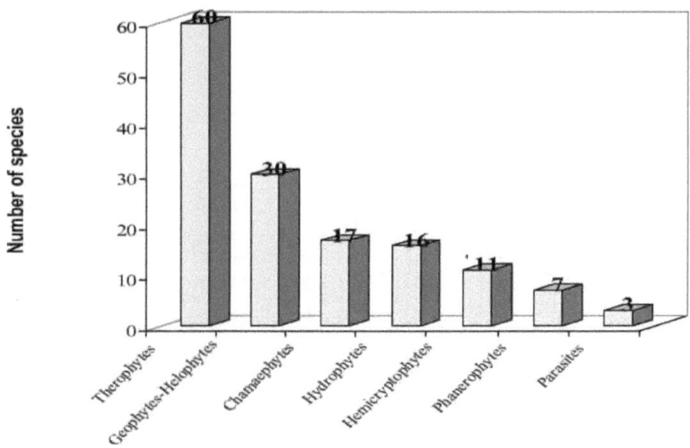

Fig. 13. Espectro de formas de vida do total de espécies registadas no Lago Manzala (segundo Galal et al. 2012).

2.1.1.3. Espécies ameaçadas

Catorze espécies estavam ameaçadas nos lagos do norte do Egito (Shaltout e Galal 2006), 4 das quais foram registadas no Lago Manzala; 2 estavam em perigo (*Nymphaea lotus* e *Nymphaea caerulea*), uma indeterminada (*Lobularia arabica*) e uma rara (*Juncus bufonius*).

2.1.2. Caracterização do habitat

A vegetação do lago Manzala era dominada por *Arundo donax*, *Phragmites australis*, *Typha domingensis*, *Sarcocornia fruticosa*, *Suaeda pruinosa*, *Juncus rigidus*, *Atriplex portulacoides*, *Halocnemum strobilaceum* e *Arthrocnemum macrostachyum*. A vegetação das ilhotas do Lago Manzala é essencialmente halófita e categorizada em sete tipos de

41

comunidades dominadas por *Phragmites australis, Atriplex portulacoides, Halocnemum strobilaceum, Arthrocnemum macrostachyum, Juncus acutus, Juncus rigidus* e *Zygophyllum album.*

a. **As macrófitas aquáticas** incluem plantas emergentes (*Phragmites australis* e *Typha domingensis*), flutuantes (*Eichhornia crassipes*) e submersas (*Potamogeton pectinatus, Najas marina* var. *armata* e *Ceratophyllum demersum*).

b. **As plantas terrestres** incluem *Juncus rigidus, Scirpus lioralis, Carex devisa* e *Cyperus laevigatus.*

c. **As plantas dos sapais** estão representadas por *Arthrocnemum macrostachyum, Halocnemum strobilaceum, Salicornia herbacea, Sarcocornia fruticosa, Nitraria retusa, Frankeniapulverulenta, Cressa cretica* e *Tamarix nilotica.*

3.1.2. Caraterísticas da vegetação

3.1.2.1. Grupos de vegetação

A aplicação do TWINSPAN sobre as estimativas de cobertura de 37 espécies registadas em 100 povoamentos amostrados no Lago Manzala levou ao reconhecimento de oito grupos de vegetação (**Fig. 14**). A aplicação do DCA no mesmo conjunto de dados indica uma segregação razoável entre estes grupos ao longo do plano de ordenação dos eixos 1 e 2 (**Fig. 15**).

O grupo *Azolla filiculoides* é indicado por *Ludwigia stolonifera* e *Azolla filiculoides* que caracterizam a água doce estagnada nas partes ocidental e meridional do lago, e em torno das franjas dos principais ilhéus (por exemplo, Ibn Salam e Kom El-Dahab). Além disso, o grupo *Eichhornia crassipes* é indicado pelas espécies *Eichhornia crassipes, Echinochloa stagnina* e *Azolla filiculoides*, que caracterizam as partes poluídas do lago na foz dos esgotos da margem sudoeste. O grupo do *Potamogeton pectinatus* é caracterizado pelo *Potamogeton pectinatus*, que é a espécie indicadora em relação às espécies flutuantes e emergentes em quase todas as partes do lago. O grupo *Ceratophyllum demersum* é caracterizado por *Najas marina* subsp. *armata* e *Ceratophyllum demersum* que dominam as partes ocidental e média do lago. Formam povoamentos monoespecíficos muito densos que dificultam a navegação. O grupo *Typha domingensis* é indicado pela *Typha domingensis*, que se distribui em diferentes partes do lago, mas com uma abundância relativamente baixa na secção norte devido à sua sensibilidade à salinidade. O grupo *Scirpus maritimus* habita os pântanos em torno dos ilhéus do lago, particularmente nas partes pouco profundas. O grupo *Phragmites australis* é indicado por *Phragmites australis*, a espécie mais frequente na lagoa, que domina todos os tipos de habitat. O grupo *da Ruppia maritima* domina as partes pouco profundas e as lagoas na parte norte do lago, perto do Mar Mediterrâneo, onde a salinidade é relativamente elevada (Khedr 1997).

3.1.2.2. Relações ambientais

Os grupos de vegetação dominados pelos hidrófitos flutuantes (*Eichhornia crassipes* e *Azolla filiculoides*) estão associados aos valores mais baixos de CE, enquanto o grupo *Ruppia maritima* está significativamente associado aos valores mais elevados de CE, cloreto, pH e fósforo; e o de *Scirpus maritimus* está associado ao valor mais elevado de nitratos. De todos os factores ambientais estimados, a CE da água do lago parece ser o fator mais importante que afecta a distribuição das comunidades de plantas aquáticas. *A Ruppia maritima* está limitada ao sector salino do norte da lagoa

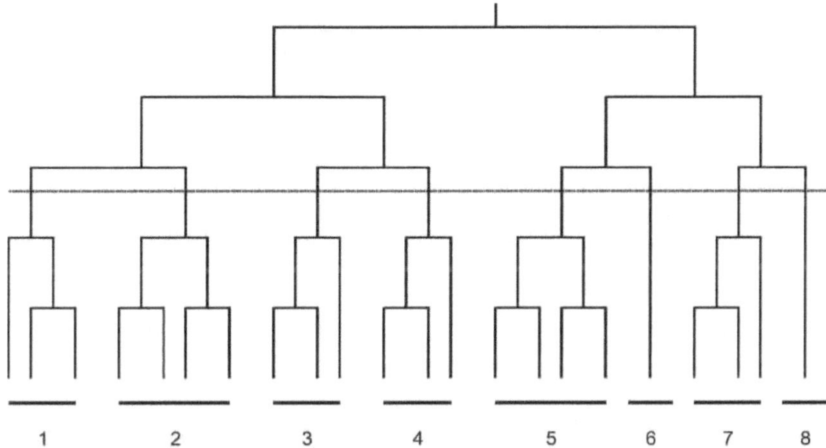

Fig. 14. O dendrograma resultante da aplicação do TWINSPAN nos 100 povoamentos amostrados no Lago Manzala. Os nomes dos grupos são: 1: *Azolla fiHculoides*, 2: *Eichhornia crassipes*, 3: *Potamogeton pectinatus*, 4: *Ceratophyllum demersum*, 5: *Typha domingensis*, 6: *Scirpus maritimus*, 7: *Phragmites australis* e 8: *Ruppia maritima* (após Galal et al. 2012).

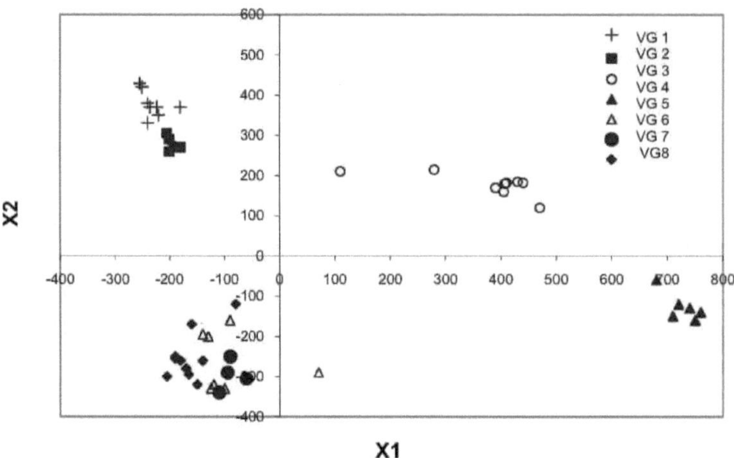

Fig. 15. Ordenação DCA dos 98 povoamentos amostrados no Lago Manzala (segundo Galal et al. 2012).

enquanto *Eichhornia crassipes*, *Azolla filiculoides*, *Ludwigia stolonifera* e *Echinochloa stagnina* são dominantes nas águas doces ou ligeiramente salgadas. *Phragmites australis*, *Potamogeton pectinatus* e *Scirpus maritimus* são de grande amplitude ecológica; ocorrem em todas as partes do lago. Por outro lado, a concentração de nitrato-N parece ser menos importante para determinar a distribuição das hidrófitas submersas e flutuantes do que a das espécies emergentes.

A abundância de hidrófitas no Lago Manzala pode ser atribuída à alta eutrofização como resultado do processo de drenagem dos canais, drenos, bem como terras cultivadas adjacentes. As maiores mudanças de eutrofização resultam frequentemente de actividades humanas, porque estas podem alterar a química, clareza e temperatura da água (Dale e Miller 1978).

Placa 2.1

Hidrófitos submersos

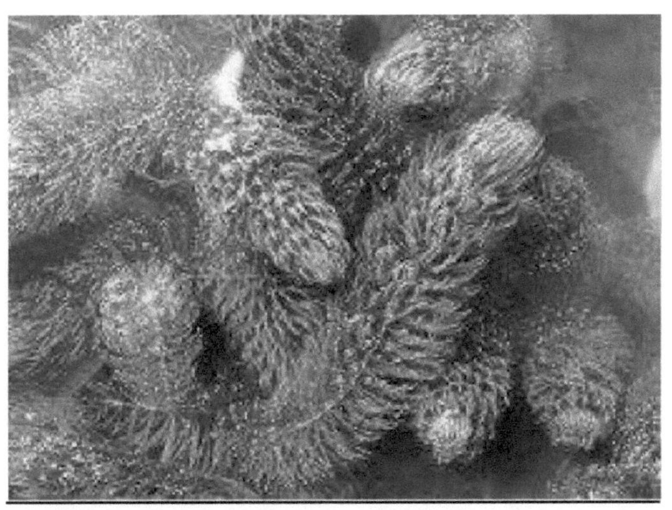

Ceratophyllum demersum   نخشوش الحوت

Myriophyllum spicatum   حامول

Placa 2.1

Hidrófitos flutuantes

Eichhornia crassipes   ورد النيل

Nymphaea caerulea   بشنين

Placa 2.3

Hidrófitos emergentes

Phragmites australis البوص

Saccharum spontaneum هيش

Placa 2.4

Plantas naturais

Limonium pruinosum

Suaeda pruinosa   حطب سويدى

Placa 2.4

Ervas daninhas terrestres

Cynanchum acutum   عليق

Imperata cylindrica   حلفا

2.2. FITOPLANKTON

A comunidade fitoplanctónica do Lago Manzala inclui 383 espécies (**Tabela 6**): das quais 253 Bacillariophytes (Diatomáceas), 70 Chlorophytes e 49 Cyanophytes (Essa 2013; Khairy et al. 2015). Além disso, as espécies de fitoplâncton neste lago são as mais elevadas em comparação com os outros lagos mediterrânicos. No entanto, não foram registados crisófitos, criptófitos, rodofíticos e fitófitos neste lago (Essa 2013). Numa base sazonal, a cultura permanente média de fitoplâncton variou cerca de duas vezes, de 25,1 - 32,8 X 10^7 células m⁻^{3} em junho e fevereiro, para um máximo de 52,6 células m^{-3} durante junho e agosto, e 67,1 durante outubro e dezembro.

As espécies de diatomáceas são representadas por 11 géneros, que dominam a comunidade fitoplanctónica do lago Manzala. Compreendiam 50 a 90 % (média de 68 %) das células de algas na coluna de água. Os géneros *Synedra, Nitzschia, Melosira* e *Coscinodiscus* predominaram na comunidade de algas planctónicas. Os 12 géneros de algas verdes registados constituem de 10 a 35 % (média de 22 %) do total de algas, consoante o local, e de 13 a 31 % numa base sazonal. Os géneros *Tetraspora, Scenedesmus* e *Pediastrum* foram predominantes. Dois géneros de algas verdes azuis (*Spirulina* e *Anabaena*) foram representados por <1 a 23% e 3 a 17% com base na localização e na estação.

Tabela 6. Riqueza de espécies de algas nos cinco lagos do norte do Egito. Os valores máximos da flora de algas em relação aos cinco lagos estão sublinhados (Essa 2013).

Division	Mariut	Edku	Burullus	Manzala	Bardawil	Total species
Bacillarophyta	255	87	126	253	238	537
Chlorophyta	65	48	66	70	14	141
Cyanophyta	43	33	36	49	22	104
Dinophyta	1	2	7	4	53	57
Euglenophyta	10	10	11	7	1	19
Chrysophyta	1	1	0	0	5	6
Cryptophyta	0	0	1	0	0	1
Rhodophyta	0	1	0	0	0	1
Phaeophyta	1	1	0	0	0	1
Total species	376	183	247	383	333	867

Ezzat (1989) estudou a distribuição do fitoplâncton no Lago Manzala em oito estações durante o verão de 1986 até à primavera de 1987. Ele descobriu que cerca de 170 taxa foram registados e classificados nos seguintes grupos taxonómicos (**Fig. 16**): Bacillariophyceae, (83 espécies), Chlorophyceae, (28 espécies), Euglenophyceae, (10 espécies) e Cryptophyceae, (1 espécie). De acordo com os resultados de Ezzat (1989), foi observada uma clara condição de eutrofização nas zonas central e norte do lago. Uma eutrofização semelhante, mas em muito menor quantidade, ocorreu na zona sul (drenos de Bahr El-Bakar e Hadous).

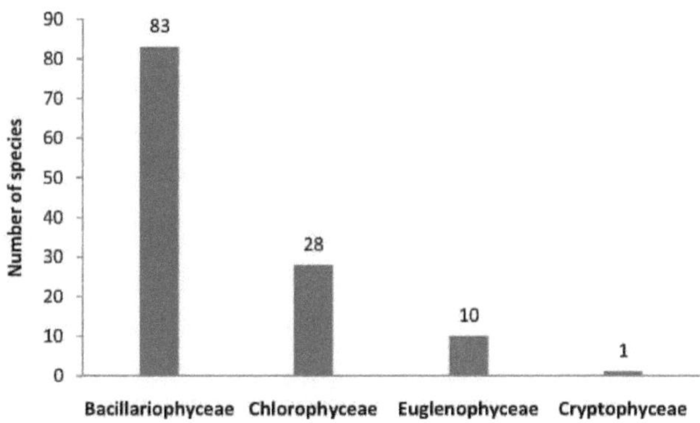

Fig. 16. Estrutura da comunidade fitoplanctónica (segundo Ezzat 1989).

Lane (1992) relatou que as diatomáceas contribuíram com 35%, as algas verdes com 42%, as algas verdes azuis com 19% e os dinoflagelados com 3%, com uma contagem total média de 66,6 x 10^4 células l^{-1} em Bahr El-Bakar. Na zona de Fariskur, as diatomáceas foram o grupo dominante (64%). Na drenagem de Hadus, 61% da população era constituída por algas verdes azuis. No canal de Bashtir, 76% da população de algas era constituída por algas verdes, enquanto 20% eram diatomáceas, com uma contagem total de 16,1 x 10^6 células l^{-1}. Na zona oriental, com elevada salinidade, as diatomáceas constituíam 34%, enquanto as algas verdes 29% e as algas verdes azuis 30%. Na zona sul produtiva do lago, as diatomáceas e as algas verdes foram abundantes (33% e 38%) com 23% de algas verdes azuis. Na zona média do lago, as algas verde-azuladas (39%) e verdes (35%) foram as mais abundantes, enquanto as diatomáceas tiveram uma abundância relativamente baixa (26%). Na zona oeste, as algas verdes azuis dominaram a comunidade algal.

A quantidade de algas e a sua abundância relativa alteraram-se desde 1982 (MacLaren 1982). Verificou-se um aumento substancial da abundância de fitoplâncton e o grupo dominante atualmente é o das algas verdes. Este facto pode ser o resultado do aumento da entrada de nutrientes no lago. A ecologia do fitoplâncton do Lago Manzala em relação a diferentes propriedades físicas e químicas da água do lago foi estudada por Gab Allah (1990). Os seus resultados mostraram que, Cyanophyta representou o maior constituinte da flora fitoplanctónica com 78,7% em 1987 e 40,8% em 1988, respetivamente. Continha 33 taxa pertencentes a 20 géneros e 4 famílias. Entre os taxa mais abundantes de verdes azuis encontravam-se as espécies *Aphanocapsa, Merismopedia, Oscillatoria* e *Coelosphaerium.*

As Bacillariophyceae contribuíram com cerca de 22 % e 25 % em 1987 e 1988. As diatomáceas foram representadas por 72 espécies pertencentes a 33 géneros e 11 famílias, e dominadas por espécies de *Nitzschia, Closterium, Cyclotella, Fragillaria* e *Amphiprora*. As Chlorophyceae apresentaram 18 % e 20 % da colheita total durante 1987 e 1988, e foram representadas por 55 espécies pertencentes a 35 géneros e 4 famílias. As suas principais espécies foram: *Chlamydomonas, Ankistrodesmus, Scenedesmus* e *Pyramimonas*. As Euglenophytceae apresentaram apenas 0,5 % e 1,7 % da flora fitoplanctónica total em 1987 e 1988, e foram representadas por 9 espécies pertencentes a 2 famílias; as suas principais espécies foram *Rhodomonas* e *Cryptomonas*. As Dinophyceae e Desmophyceae foram as últimas a permanecer e as suas principais espécies foram *Peridinium, Glenodinium* e *Exuviella*.

Os estudos recentes indicam um aumento substancial da dominância do fitoplâncton, em especial das Chlorophyceae. Este facto pode ser o resultado do aumento do aporte de nutrientes no lago. O estudo de Gab Allah (1990) indicou que as Cyanophyceae (ou seja, algas verdes azuis) estavam representadas por 33 espécies pertencentes a 20 géneros e 4 famílias: as espécies mais dominantes eram: Aphanocapsa, *Merismopedia, Oscillatoria* e *Coelosphaerium*. As Bacillariophyceae (i.e. diatomáceas) foram representadas por 72 espécies pertencentes a 33 géneros e 11 famílias, das quais as espécies *Nitzschia, Closterium, Cyclotella, Fragillaria* e *Amphiprora* foram as mais dominantes. Além disso, Chlorophyceae foi representada por 55 espécies pertencentes a 35 géneros e 4 famílias; as principais espécies dominantes foram *Chlamydomonas, Ankistrodesmus, Scenedesmus* e *Pyramimonas*. As Euglenophyceae foram representadas por apenas 9 espécies pertencentes a 2 famílias, das quais as espécies *Rhodomonas* e *Cryptomonas* foram as espécies dominantes. As Dinophyceae e Desmophyceae foram as últimas a permanecer e as suas principais espécies foram *Peridinium, Glenodinium* e *Exuviella*.

O lago Manzala é um sistema altamente dinâmico e o lago mais produtivo do Egito. Atualmente, é muito diferente do seu estado original, mesmo durante as últimas décadas. A sua área e as suas caraterísticas abióticas e bióticas foram alteradas. A diversidade do fitoplâncton variava muito nas zonas próximas das descargas de água e numa faixa estreita, longe do efeito das águas de drenagem (El-Sherif e Gharib 2001). Apesar das quantidades consideráveis de resíduos descarregados no Lago Manzala através dos esgotos de Bahr El-Bakar e Hadous, a eutrofização permaneceu local e ocorreu nas estações central e norte. O fitoplâncton denso e luxuriante durante a eutrofização é eficaz para a purificação natural das águas residuais (Ibrahim 1997). A maioria das espécies de fitoplâncton no Lago Manzala habitam quer a água doce quer a água salobra, enquanto poucos números eram formas marinhas. As diatomáceas apresentaram a maior diversidade de espécies, enquanto as dinófitas tiveram a menor diversidade.

El-Sherif e Gharib (2001) referiram que as alterações mensais da abundância relativa dos principais grupos de fitoplâncton apresentavam variações pronunciadas sem um padrão distinto. A produção máxima de fitoplâncton foi registada na primavera, com um pico secundário no verão. Este padrão revelou que a primavera continua a ser a estação de maior produção de fitoplâncton no Lago Manzala, bem como nos outros lagos do Delta do Egito, enquanto a produção mínima foi registada no outono (sobretudo em setembro). Tal como os outros lagos egípcios, o Lago Manzala é maioritariamente dominado por diatomáceas, enquanto que nas lagoas sul-africanas, as cianófitas são o grupo dominante (Talling e Lemoalle 1998).

As bacilarófitas foram as mais abundantes durante o inverno e a primavera (associadas a cloretos elevados e a uma baixa concentração de nutrientes); enquanto as clorófitas foram observadas principalmente durante o outono. As Euglenófitas foram ocasionalmente abundantes em janeiro, dependendo das fontes orgânicas de azoto e fósforo (El-Sherif e Gharib 2001). Palmer (1969) e Munawar (1970) referiram que *Euglena* encabeça uma lista de sessenta géneros mais tolerantes à poluição e é geralmente considerada como indicador biológico de poluição orgânica. As cianófitas atingem o seu máximo em julho, associado a concentrações elevadas de amoníaco, preferem geralmente águas quentes (Tilman et al. 1986) e são mais caraterísticas de águas eutróficas do que oligotróficas.

Placa 2.5
Euglenophyta

Phacus

Euglena

Dinophyta

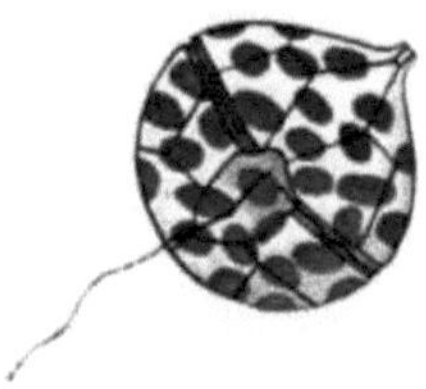

Peridinium

Placa 2.6

Bacillariophvta (Diatomáceas)

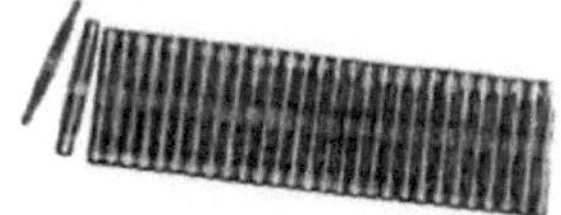

Fragilaria

Cyclotella

Navicula

Asterionella

Cyclotella

Gomphonema

Nitzschia

Chlorophyta

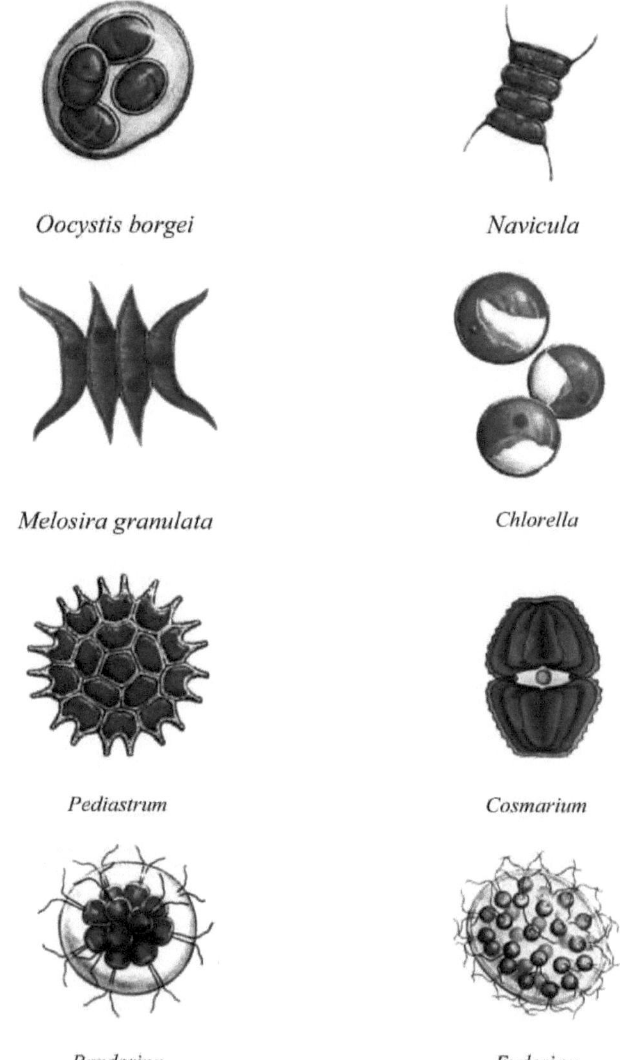

2.3. ZOOPLANKTON

O zooplâncton é um bom indicador de condições ambientais específicas, como a qualidade da água. Algumas espécies florescem em águas altamente eutróficas, enquanto outras são sensíveis a resíduos orgânicos ou químicos (Mola 2011). Os rotíferos constituem o principal alimento das espécies de ciclídeos (Hegab 2010). Os rotíferos, especialmente *Brachionus*, constituem um elo importante nas cadeias alimentares das águas interiores. Eles são considerados o alimento preferido de muitas larvas de peixes (Guerguess 1993). O zooplâncton do lago Manzala foi estudado por El-Maghraby et al. (1963), Guerguess (1979), MacLaren (1982), Khalil e El-Awamri (1988); Khalil (1990); Guerguess (1993), El-Sherif et al. (1994), Khalifa e Mageed (2002), Mageed (2008); e Abdel Mola e Abd El-Rashid (2012). O zooplâncton comum no Lago Manzala é indicado na **Tabela (7).**

A produção de Zooplâncton no lago Manzala exibiu um pico em junho (37x10 organismos m^{-3}) e dois máximos menores de 23 x 10^3 organismos m^{-3} em outubro e dezembro (MacLaren 1982). Foram identificados 24 taxa de zooplâncton representados por géneros, espécies ou estádios de desenvolvimento; destes, 3 géneros representavam 75 % do número total de zooplâncton no lago (Cladocerons, *Diaphanosoma*, *Bosmina* e *Moina dubia*). O copépode *Cyclops* representou ainda 22 %, enquanto todos os outros grupos contribuíram com cerca de 3 % (incluindo vários géneros não planctónicos que foram recolhidos pelos arrastos horizontais devido à pouca profundidade do lago). Os géneros não planctónicos mais importantes foram o ostracode *Cyprideis*, o isópode *Sphaeroma* e o anfípode *Gammarus*.

As variações espaciais e temporais da abundância das espécies foram bem definidas na maior parte dos casos. Foram observadas densidades elevadas de zooplâncton no meio do sector oriental do lago. Os rotíferos foram os mais dominantes (cerca de 85% do zooplâncton total), seguidos dos crustáceos e dos protozoários. Os cladóceros *Diaphanosoma* e *Moina dubia* foram mais abundantes durante o período de junho a novembro; enquanto *Bosmina* foi abundânte de dezembro a fevereiro, mas ausente durante os meses de verão. *Acartia latisetosa* esteve presente em baixa abundância durante todo o ano, enquanto *Cyclops* atingiu um pico em dezembro a fevereiro.

As larvas *de Cirripedia* tiveram um máximo durante os meses de julho e agosto (correspondendo à intrusão excessiva de água salgada durante 1979 - 1980).

Tabela 7. Taxa de zooplâncton comum no lago Manzala

Category	Taxa
Amphipod	*Gammarus*
Arthropods	*Acartia latisetosa*
	Cirripedia
Cladocerons	*Diaphanosoma*
	Bosmina
	Moina dubia
	Daphnia similis
Copepods	*Cyclops*
Isopod	*Sphaeroma*
Ostracod	*Cyprideis*
Protozoa	*Arcella areniata*
	Arcella discoides
	Arcella vulgaris
	Centropyxis aculeate
	Sphenoderia sp.
Rotifers	*Brachionus*

A composição das espécies do zooplâncton parece ter-se alterado significativamente no período de 1960 a 1980. Os cladóceros representavam < 1 % em 1960 contra 75 % em 1980. Os rotíferos representavam 40 % em 1960, mas apenas 1 % em 1980. As larvas *de Cirripedia* diminuíram de 21 para 1 % durante o mesmo período. O declínio da abundância relativa de espécies de água doce, como os rotíferos, não era de esperar, tendo em conta a renovação contínua do lago devido à quantidade excessiva de água de drenagem que chega ao lago através dos esgotos do sul. No entanto, não existem dados relativos à abundância absoluta para efeitos de comparação e a mudança aparente de espécies pode dever-se principalmente à abundância de espécies de cladóceros em resposta à eutrofização.

De acordo com Abdel Mola e Abd El-Rashid (2012), a maior densidade de zooplâncton foi registada durante a primavera (45 1 9 x 10^3 organism m^{-3}) devido ao efeito da descarga de água rica em nutrientes, enquanto a menor abundância foi registada (17 x 10^3 organism m^{-3}) durante o inverno. Os Rotifera constituíram o principal grupo dominante no lago, contribuindo com cerca de 80,04% (média de 513 x 10^3 organism m^{-3}) da população zooplanctónica total, seguidos dos Copepoda (17,3%), Protozoa (1,4%) e

Cladocera (1,0%). Ostracoda e Nemadoda foram considerados os grupos menos dominantes, com 0,2 e 0,1%. Foram registadas 45 espécies, tendo Rotifera registado o maior número de espécies (33 espécies), seguido de Cladocera (7 espécies) e Protozoa (5 espécies) e Copepoda (uma espécie), para além de nemátodos e ostracodes de vida livre. Os protozoários constituíram 1,4% do zooplâncton total, com uma média de 8x10 organismos m^{-3}). Foram representados por 5 espécies (*Arcella areniata, A. discoides, A. vulgaris, Centropyxis aculeate* e *Sphenoderia* sp.). As espécies *C. aculeate* e *Sphenoderia* constituíram o maior volume de protozoários, com 2,2 x 10^3 e 2,1 x 10^3 organismo m, representando 26,2 e 24,3% do total de protozoários, respetivamente.

2.4. FAUNA BENTHIC

Foram registadas 23 espécies na fauna bentónica do lago Manzala: 15 espécies representadas por bivalves e moluscos gastrópodes, 2 espécies de anelídeos e 6 espécies de artrópodes. Seis espécies estão amplamente distribuídas em todo o lago: os pelecípodes *Pisidium, Cerastoderma glaucum* e *Abra ovata*, os gastrópodes *Melanoides tuberculata* e *Alvania_e* a craca *Balanus* (MaLaren 1982). A separação entre espécies de água doce e espécies marinhas é claramente evidente. A abundância das espécies de água doce *Pisidium, Cleopatra* e *Melanoides* foi negativamente correlacionada com a salinidade; enquanto as espécies *Cerastoderma, Abra* e *Alvania* mostram uma correlação positiva com o mesmo fator. *Balanus* parece preferir as zonas de água doce. Outras duas espécies, os gastrópodes *Bulinus truncatus* e *Biomphalaria alexandrina*, são de importância considerável porque funcionam como vectores da doença da bilharziose (esquistossomose). A sua distribuição restringe-se principalmente aos sectores meridionais e ocidentais do lago, que são relativamente doces.

Seguem-se as principais tendências registadas para a biodiversidade do lago:

1- A carga de nutrientes parece ser a variável mais importante que afecta o florescimento das comunidades de fitoplâncton e zooplâncton.

2- A biodiversidade é baixa no sector sul altamente eutrófico, enquanto é elevada no sector norte não enriquecido.

3- A diversidade da comunidade bentónica é significativamente determinada pela salinidade da água e dos sedimentos. A renovação contínua da água nos sectores sul e oeste do lago leva à manutenção do maior número de espécies, enquanto os sectores salinos leste e norte apresentam a menor riqueza de espécies.

O bentos no lago Manzala é geralmente muito pobre. As conchas de gastrópodes e bivalves são encontradas em maior número, mas por vezes (por exemplo, no verão de 1992) não foram registados indivíduos vivos (Lane 1992). Foram também observadas conchas de Pelecypoda e Gastropoda, mas todas estavam mortas. É de referir que as duas espécies de gastrópodes *Bulinus truncatus* e *Biomphlania alexandrina* (transmissores da doença da bilharziose) se concentraram no sector sul.

De acordo com Elshenawy et al. (2015), foi registado um total de 29 espécies marinhas e 6 espécies de água doce de macro-bentos em cinco estações em Ashtoum El-Gamil. Na estação 1st , verificou-se que os gastrópodes eram o grupo mais dominante, representando 44% do total de organismos bentónicos. Seguiram-se os bivalves com 30% de ocorrência, os crustáceos com 24% e os poliquetas com 2% do total de organismos bentónicos. Na estação 2nd , os bivalves encabeçam a lista com 48% de incidência, seguidos dos gastrópodes com 32% de ocorrência. Os crustáceos foram o grupo dominante seguinte (12%) e os poliquetas constituíram 8% do total de organismos macro-bentónicos. Na estação 3, os gastrópodes dominam com uma percentagem de 44%, seguidos dos crustáceos com 43%, enquanto os poliquetas com 10% e os bivalves com 3%. Na estação 4th , os gastrópodes superam os outros grupos com uma percentagem de 60%, seguidos dos poliquetas (24%), dos bivalves (14%) e dos crustáceos (2%). Curiosamente, na estação 5th , os poliquetas surgiram como grupo dominante com uma percentagem de 98%, enquanto os bivalves e os crustáceos estão completamente ausentes.

No Lago Manzala, Fishar et al. (2015) registaram 19 espécies de invertebrados macro-bentónicos pertencentes a três grupos principais (**Tabela 8**): Mollusca (15 espécies), Annelida (2 espécies) e Arthropoda (2 espécies). O maior número de espécies foi registado durante o verão (19 espécies), enquanto o menor foi registado durante a primavera (17 espécies).

Tabela 8. Ocorrência de invertebrados macrobentónicos no Lago Manzala durante a primavera (após Fishar et al. 2015).

Group	Family	Species
Mollusca	Viviparidae	*Bellamya unicolor*
	Planorbidae	*Biomphlaria alexandrina*
		Bulinus truncatus
	Paludomidae	*Cleopatra bulimoides*
	Ampullariidae	*Lanistes carinatus*
	Lymnaeidae	*Lymnaea natalensis*
	Thiaridae	*Melanoides tuberculata*
	Physidae	*Physa acuta*
	Potamididae	*Pirenella conica*
	Succineidae	*Succinea cleopatra*
	Neritidae	*Theodoxus niloticus*
	Valvatidae	*Valvata nilotica*
	Cardiidae	*Cerastoderma glaucum*
	Corbiculidae	*Corbicula fluminalis*
	Tellinidae	*Macoma cumana*
Annelida	Naididae	*Chaeto gasterlamnaei*
	Tubificidae	*Limnodrilus* sp.
Arthropoda	Balanidae	*Balanus amphitrite*
	Chironomidae	*Chironomus* larvae

Placa 2.8

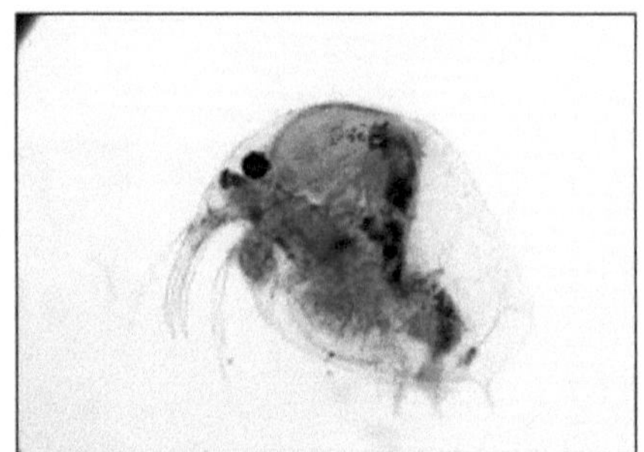

Bosmina longirostris

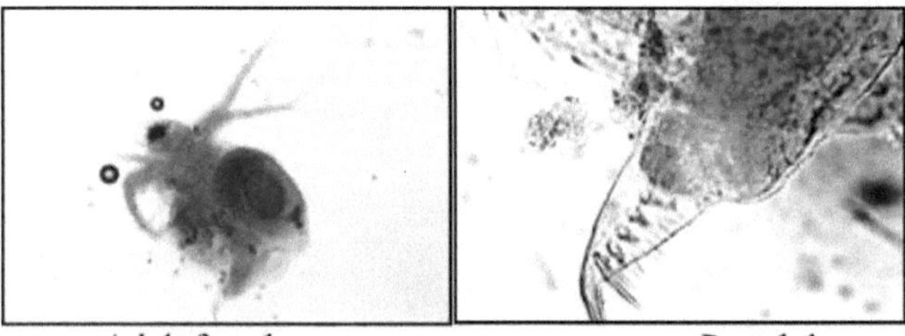

Adult female   Postabdomen

Moina micrura

Placa 2.9

 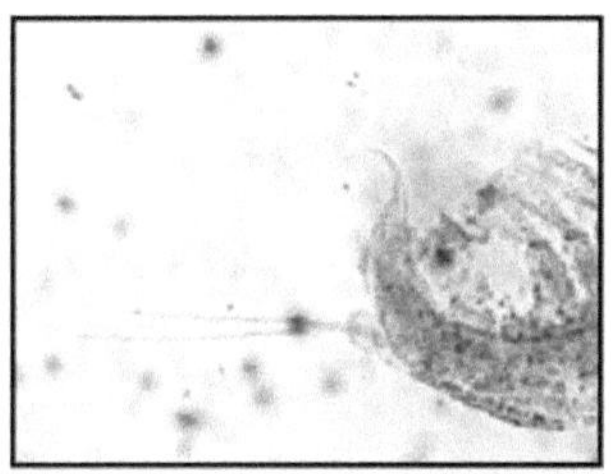

Adult female   Postabdomen

Diaphanosoma exesium

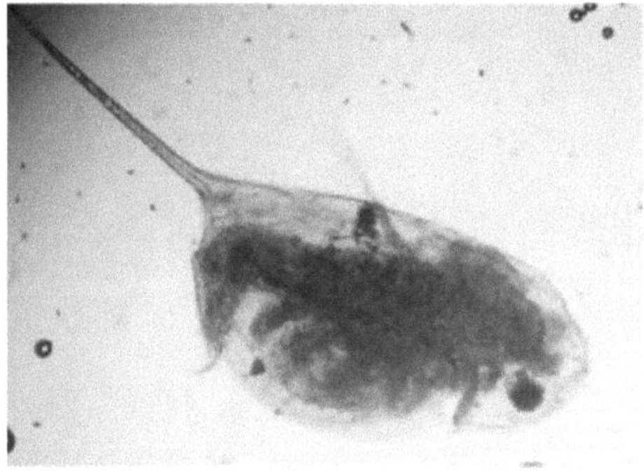

Daphnia similis

Zooplâncton

Placa 2.10

Biomphalaria alexandrina

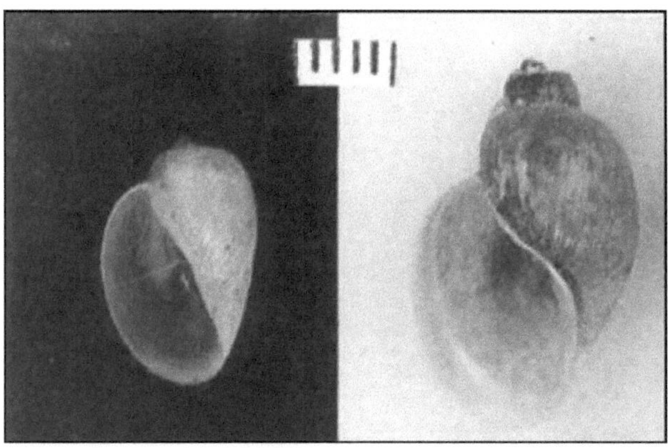

Bulinus truncates

Benthic fauna

2.5. MAMÍFEROS

Osbom e Helmy (1980), Wassif (1995) e Hoath (2003) relataram vários mamíferos que habitam a zona húmida do Lago Manzala, incluindo 12 espécies indicadas na **Tabela (9)**.

Tabela 9. Mamíferos comuns no Lago Manzala (segundo Osborn e Helmy 1980; Wassif 1995; Hoath 2003).

Latin name	English name	Arabic name
Hemiechinus auritus	Long-eared Hedgehog	قنفذ
Gerbillus andersoni	Anderson's Gerbil	بيوض
Gerbillus henleyi	Henley's Gerbil	بيوض
Psammomys obesus	Fat Sand Rat	جرذ
Rattus rattus	Black Rat	جرذ أسود
Rattus norvegicus	Brown Rat	جرذ المجارى
Mus musculus	House Mouse	فأر المنزل
Cams aureus	Jackal	ابن آوى
Felis chaus	Swamp Cat	قط المستنقع
Vulpes vulpes	Red Fox	ثعلب
Mustela nivalis	Weasel	ابن عرس
Herpestes ichneumon	Egyptian Mongoose	نمس

Placa 2.11

Hemiechinus auritus   قنفذ

Placa 2.12

Vulpes vulpes ثعلب

Gerbillus andersoni بيوض

Mustela nivalis أبن عرس

2.6. RÉPTEIS E ANFÍBIOS

Répteis

Muitos répteis habitam a zona húmida de Manzala (Marx 1968; Saleh 1997; Bahaa El-Din 2006) incluindo 17 espécies (**Quadro 10**).

Anfíbios

Os anfíbios registados na zona húmida do Lago Manzala são: sapo egípcio de marca quadrada (*Bufo regylans*), sapo verde (*Bufo virdis*) e rã comum de Mascarenhas (*Rana mascareniensis*).

Tabela 10. Répteis comuns no Lago Manzala (segundo Marx 1968; Saleh 1997; Bahaa El-Din 2006).

Latin name	English name	Arabic name
Reptiles		
Hemidactylus tarcicus	Turkish Gecko	برص منزلى
Tarentola annularis	Egyptian Gecko	برص رباعى الفقط
Trapelus pallida	Pale Agama	قاضى الجبل
Trapelus flavimaculatus	Savigny's Agama	قاضى الجبل
Acanthodactylus boskianus	Bosc's Lizard	سقنقر خشن
Acanthodactylus pardalis	Egyptian Leopard Lizard	سقنقر جلد النمر
Mesalina rubropunctat	Red-spotted Lizard	سقنقر منقط كبير
Chalcides ocellatus	Eyed Skink	سحلية دفانة
Sphenops sepsoides	Audouin's Sand-skink	سحلية نعامة
Mabuya quinquetaeniata	Bean Skink	سحلية جراية
Chamaeleo chamaeleon	Common chamaeleon	حرباء
Coluber florulentus	Flowered Snake	ازرور
Malpolon monspessulanus	Montpellier Snake	ثعبان خضارى
Psammophis schokari	Schokari Sand Snake	هرسين
Psammophis sibilans	African Beauty Snake	أبو السيور
Caretta caretta	Loggerhead Turtle	ترسة
Chelonia mydas	Green Turtle	سلحفاة خضراء
Amphibians		
Bufo regylans	Egyptian Square-marked Toad	الضفدع المصرى
Bufo virdis	Green Toad	الضفدع الأخضر
Rana mascareniensis	Common Mascarene Frog	ضفدعة

Placa 2.13

Chamaeleo chamaeleon   حرباء

Sphenops sepsoides   سحلية نعامة

Placa 2.14

Tarentola annularis برص رباعى الفقط

Caretta caretta ترسة

2.7. PÁSSAROS

Embora não exista uma lista de controlo da avifauna do lago Manzala, é de esperar que o seu número se situe entre as 112 espécies registadas no lago Burullus ao longo da costa deltaica (Shaltout e Khalil 2005) e as 242 espécies registadas no lago Bardawil ao longo da costa norte do Sinai (Khalil e Shaltout 2006). Meininger et al. (1986), Meininger e Atta (1990), Tharwat (1997), Baha El-Din (1999) e Porter e Cottridge (2001) referiram que este lago é um importante local de reprodução para um grande número de andorinhas-do-mar (*Sterna albifrons albifrons*), martim-pescador (*Ceryle rudis rudis*), borrelho-de-coleira (*Charadrius alexandrinus alexandrinus*), borrelho-esportivo (*Hoplopterus spinosusb*), Toutinegra-dos-vales (*Prinia gracillis deltae*), *Caprimulgus aegyptius aegyptius*, Garça-branca-pequena (*Ixobruchus minutus minutus*), Galinhola-roxa (*Porphyrio porphyrio madagascariensis*), Pardela-preta (*Glareola pratincola pratincola*) e Toutinegra-dos-juncos (*Acrocephalus stentoreus stentoreus*) **(quadro 11)**.

2.7.1. Aves de verão

O Lago Manzala tem uma diversidade de espécies de aves relativamente baixa durante o verão. A maior parte das espécies registadas foram observadas no lado ocidental do lago, onde a qualidade da água é melhor e o crescimento de plantas aquáticas é denso. De um modo geral, muitas das espécies registadas são consideradas aves residentes.

2.7.2. Aves de outono e primavera

Os dados disponíveis sobre a utilização do Lago Manzala pelas aves aquáticas durante a migração de outono são ainda escassos. No entanto, os dados relativos à utilização na primavera demonstram a importância do Lago Manzala como zona de paragem para as aves migradoras da primavera, especialmente as limícolas. Durante as contagens semanais efectuadas na primavera de 1990 nas partes oriental e setentrional do lago (segundo Meininger e Atta 1990), as espécies mais frequentes foram o alfaiate (cerca de 6500), a tarambola-cinzenta (2700), o pilrito-pequeno (18000), o maçarico-real (21000), o pilrito-do-mar (11000), o maçarico-real (8500) e o perna-vermelha (4000).

Quadro 11. Aves comuns da zona húmida do lago Manzala (segundo Meininger e Atta 1990; Tharwat 1997; Baha El-Din 1999, 2006; Porter e Cottridge 2001).

Latin name	English name	Family	Arabic name
Limicola falcinellus falcinellus	Broad-billed Sandpiper	Scolopacidae	طيطوى عريض المنقار
Phylloscorpus collybita collybita	Chiffchaff	Sylviidae	سكسكة
Acrocephalus stentoreus stentoreus	Clamorous Reed Warbler	Sylviidae	هزجة القصب الصيلحة
Glareola pratincola pratincola	Collared Pratincole	Glareolidae	أبو اليسر
Tadorna tadorna	Common Shelduck	Anatidae	شهرمان
Fulica atra atra	Coot	Rallidae	غر
Phalacrocorax carbo sinensis	Cormorant	Phalacrocoracidae	غراب البحر
Calidris ferruginea	Curlew Sandpiper	Scolopacidae	دريجة كروانية
Calidris alpina alpina	Dunlin	Scolopacidae	دريجة
Caprimulgus aegyptius aegyptius	Egyptian Nightjar	Caprimulgidae	سبد مصرى
Aytha nyroca	Ferruginous Duck	Anatidae	زرقاى أخضر
Prinia gracillis deltae	Graceful Warbler	Sylviidae	فصية
Larus ichthyaetus	Great Black-headed Gull	Laridae	نورس السمك
Egretta alba alba	Great White Egret	Ardeidae	بلشون أبيض كبير
Ardea cinerea cinerea	Grey Heron	Ardeidae	بلشون رمادى
Pluvialis squatarola	Grey Plover	Charadriidae	قطقاط رمادى
Circus cyaneus cyaneus	Hen Harrier	Accipitridae	أبو حسن
Corvus corone cornix	Hooded Crow	Corvidae	قاق ـ غراب بلدى
Upupa epops epops	Hoopoe	Upupidae	هدهد
Passer domesticus niloticus	House Sparrow	Passeridae	عصفور دورى
Charadrius alexandrinus alexandrinus	Kentish Plover	Charadriidae	قطقاط أبو الرؤوس
Vanellus Vanellus	Lapwing	Charadriidae	زقزاق شامى
Ixobruchus minutus minutus	Little Bittern	Ardeidae	واق صغير
Larus minutus	Little Gull	Laridae	نورس صغير
Egretta garzetta garzetta	Little Egret	Ardeidae	بلشون أبيض
Calidris minuta	Little Stint	Scolopacidae	كروان الماء
Sterna albifrons albifrons	Little Tern	Laridae	خطاف صغير
Marmaronetta angustirostris	Marbled Duck	Anatidae	شرشير مخطط
Falco columbarius aesalon	Merlin	Pandionidae	يؤيؤ
Gallinula chloropus chloropus	Moorhen	Rallidae	دجاجة الماء
Streptopelia senegalensis aegyptiaca	Palm Dove	Columbidae	يمام بلدى
Recurvirostra avosetta	Pied Avocet	Recurvirostridae	حليبى
Ceryle rudis rudis	Pied Kingfisher	Alcedinidae	صياد السمك الأبقع
Aythya ferina	Pochard	Anatidae	حمراى
Porphyrio porphyrio madagascariensis	Purple Gallinule	Rallidae	دجاجة سلطانية
Tringa totanus totanus	Redshank	Scolopacidae	طيطوى أحمر الساق
Philomacus pugnax	Ruff	Scolopacidae	بياض
Centropus senegalensis aegyptius	Senegal Coucal	Cuculidae	مك ـ كوكو
Anas clypeata	Shoveler	Anatidae	كبش
Larus genei	Slender-Billed Gull	Laridae	نورس قرقطى
Hoplopterus spinosusb	Spur-Winged Plover	Charadriidae	زقزاق
Ardeola ralloides	Squacco Heron	Ardeidae	واق أبيض
Chlidonias hybrida hybrida	Whiskered Tern	Laridae	خطاف أبيض الخد
Motacilla alba alba	White Wagtail	Motacillidae	أبو فصادة أبيض

2.7.3. Aves de inverno

O Lago Manzala situa-se ao longo de uma importante rota de voo para as aves aquáticas migratórias paleárcticas e é uma zona de invernada de grande importância internacional para milhares de aves aquáticas. Foram registados números significativos a nível internacional para várias espécies, incluindo o pato-real, o pato-mergulhão, o galeirão, a gaivota-pequena e a andorinha-do-mar. Um censo de aves aquáticas realizado em 1990 revelou que mais de 574 000 aves aquáticas passaram o inverno nas zonas húmidas egípcias, das quais mais de 234 000 aves passaram o inverno no Lago Manzala (40,7% do total). Este recenseamento incluiu aproximadamente 256 mergulhões, 22500 corvos-marinhos, 2330 garças, 333 flamingos, 19000 patos, 175 aves de rapina, 436 carriças e galeirões, 42500 limícolas, 106000 gaivotas e 39400 andorinhas-do-mar (Meininger e Atta 1990).

Registaram-se algumas mudanças dramáticas nas populações de aves invernantes no Lago Manzala, que podem estar relacionadas com as recentes mudanças ambientais induzidas pelo homem que estão a ocorrer no lago. Contagens comparáveis em águas abertas nos Invernos de 1980 e 1990 indicaram grandes declínios nalgumas espécies herbívoras, incluindo decréscimos acentuados de galeirão (de 39600 para apenas 400), pato (de 900 para 300) e pato-trombeteiro (de 6090 para 1700). Pensa-se que o declínio das espécies herbívoras é o resultado direto do desaparecimento da vegetação submersa no lago. Outros declínios foram registados no pato-ferruginoso e na marrequinha-vermelha (Meininger et al. 1986).

Outras espécies registaram aumentos dramáticos, que se pensa deverem-se principalmente a cargas excessivas de nutrientes na água do lago. O corvo-marinho-piscívoro aumentou de 285 em 1980 para 22500 em 1990. Esta espécie conseguiu, provavelmente, forragear mais eficazmente em zonas sem vegetação submersa; também se alimenta de pequenos peixes que abundam em muitas partes do lago. Verificou-se também um grande aumento de espécies insectívoras (especialmente de espécies que se alimentam de mosquitos), como a gaivota-pequena, que não foi observada em 1980, mas foram contados 47000 indivíduos em 1990, e a Tem-que-sobressaiu, que aumentou de 7400 em 1980 para 40000 em 1990 (as contagens de ambas as espécies em 1990 são as mais elevadas conhecidas no mundo). Ambas as espécies são especializadas em insectos e os seus números elevados devem-se provavelmente à abundância de insectos. Os lagos do Delta do Nilo podem ser a principal área de invernada para a população paleártica ocidental do Tem-rasteira.

2.7.4. Habitats de aves

Os principais habitats do Lago Manzala podem ser classificados em: 1- águas abertas, 2- pântanos de juncos, 3- lodaçais, 4- fazendas de peixes, 5- pântanos salgados e 6- terras agrícolas circundantes.

a. Águas abertas: As águas abertas da zona húmida do Lago Manzala estão divididas em várias manchas, localmente conhecidas como "bohour", devido às numerosas ilhotas espalhadas no seu interior. Algumas partes da água são abundantes em plantas aquáticas submersas, como *Ceratophvllum demersum* e *Potamogeton pectinatus*, enquanto outras não têm qualquer vegetação aquática. As espécies de aves mais abundantes neste habitat são o corvo-marinho, o galeirão, o pato-mergulhão, as gaivotas, o maçarico-real e o guarda-rios.

b. Pântanos de caniço: Os pântanos habitados por junco comum (*Phragmites australis*) e taboa (*Typha domingensis*) cobrem uma grande parte do lago. Este habitat é de grande importância para várias espécies nidificantes, tais como o abetouro, a galinha-d'água, o galinhola-roxa e a toutinegra-dos-juncos. Na época não reprodutora, os caniçais são de grande importância para os passeriformes insectívoros migratórios (aves empoleiradas). Durante o inverno, o tartaranhão-dos-pântanos e passeriformes como o pisco-de-peito-azul e o chiffchaff podem ser observados em números significativos.

c. Lodaçais e pisciculturas: Extensos lodaçais e pisciculturas cobrem a maior parte das margens oriental e sudeste do lago. Este habitat é uma zona de alimentação muito importante para um grande número de limícolas e gaivotas, especialmente durante o inverno e a primavera. Entre as espécies mais comuns contam-se a garça-real, a garça-branca-grande, a garça-branca-pequena, a garça-pequena, o pilrito-do-norte, o perna-vermelha, o maçarico-real, o maçarico-de-bico-grosso, o alfaiate, a gaivota-de-bico-fino e a gaivota-de-cabeça-preta. As zonas inacessíveis são importantes como dormitórios diurnos ou noturnos para estas espécies e para os patos do género *Anas*.

d. Pântanos salgados: A margem norte do lago está extensamente coberta por sapais *de Salicornia*. Vários ilhéus estão igualmente cobertos, parcial ou totalmente, por *Salicornia*. Este habitat é importante para várias espécies nidificantes, incluindo alguns insectívoros, tais como Alvéola-amarela, toutinegra-graciosa, toutinegra-de-barrete-pequeno e vários petinhas.

Os pântanos nus são utilizados para a reprodução de espécies como a tarambola-de-Kentish, o pratincole de colarinho, o garajau-pequeno e o noitibó-do-egito. Durante o inverno, os pântanos *de Salicornia* albergam números de tartaranhão-caçador e merlim.

e. Terrenos agrícolas: Uma parte considerável do lago não foi preenchida e foi recuperada para uso agrícola, particularmente ao longo da margem sul. Estes terrenos servem de suporte a uma série de espécies de aves migratórias sazonais e residentes. Durante o inverno, os terrenos agrícolas são importantes para um certo número de tartarugas, abibe e alvéola-branca. Na primavera, podem ser observados bandos de cegonha-branca e, ao longo do ano, os terrenos agrícolas são utilizados por toutinegras-do-senegal, tarambolas, pombas-das-palmeiras, corvos de capuz, poupa e pardais domésticos.

Glareola pratincola pratincola   أبو اليسر

Placa 2.16

Pluvialis squatarola   قطقاط رمادى

Calidris minuta   كروان الماء

Centropus senegalensis aegyptius   مك ـ كوكو

Placa 2.17

Egretta garzetta garzetta   بلشون أبيض

Sterna albifrons albifrons   خطاف صغير

2.8. PEIXE E PESCA

2.8.1. Composição das espécies

A composição das espécies varia muito de local para local no lago. Vários factores afectam a abundância das espécies de peixes, tais como: a salinidade da água, o tipo de alimento, o tipo de fundo e a presença de outras espécies. Geralmente, *Tilapia zillii* e *Oreochromis* spp.

preferem salinidades relativamente mais altas, enquanto *Oreochromis niloticus* e *Sarotherodon galilaeus* tendem a habitar áreas de salinidades mais baixas. As amostras recolhidas indicaram que *Oreochromis aureus* dominou a captura total de tilápias (44%), seguido de *Tilapia zilli* (38%), *Oreochromis niloticus* (13%) e *Sarotherodon galilaeus* (5%).

Para efeitos de pesca, o lago está dividido em quatro sectores: norte, sul, este e oeste (Abdelaal 1999). No norte, a salinidade é mais elevada do que no Mar Mediterrâneo e tem a produção de peixe mais baixa, pelo que nenhum navio de pesca opera neste sector. O sector sul tem baixa salinidade e a maior produção de peixe, onde se pode pescar *Tilápia,* Peixe-gato, Tainha e Perca. Cerca de 53% dos navios de pesca do Lago Manzala pescam neste sector. A salinidade do sector oriental é equivalente à salinidade do mar, que suporta quantidades consideráveis de peixes de alto valor (truta e robalo). O sector ocidental tem o menor teor de sal porque alguns drenos e canais despejam água doce neste sector. Cerca de 32% dos navios de pesca do Lago Manzala pescam neste sector, que é um ambiente adequado para os peixes do Nilo (*Tilápia,* Perca e Peixe-gato).

2.8.2. Pesca aberta

Verifica-se uma eutrofização crescente no Lago Manzala em resultado da descarga contínua de águas residuais através dos esgotos do sul (Khalil e Salib 1988). Os níveis de fosfato e nitrato aumentaram cerca de três a quatro vezes na parte sul do lago. As concentrações de oxigénio diminuíram na parte sul em cerca de 1/3 durante o verão, o que era marginal para algumas espécies sensíveis, como as tainhas. A salinidade média do lago diminuiu de 9000 mg l^{-1} em 1962 para cerca de 2900 mg l^{-1} em 1980. Em resposta a esse aumento de carga de nutrientes e de água doce, a comunidade de peixes no Lago Manzala foi transferida de uma pesca salobra (espécies mistas) para uma pesca dominada pela água doce (i.e. Tilápias), e a produção de peixe tem aumentado continuamente com o tempo.

Bishai e Khalil (1990) estimaram a produção de peixe e o rendimento potencial no Lago Manzala; concluíram que o rendimento atual estimado de peixe em águas abertas é de cerca de 600 kg ha^{-1} . Durante 1920-1929, foi de cerca de 60 kg ha^{-1} , que foi considerado como categoria de baixo enriquecimento. Durante 1962-1966, o Lago Manzala pertencia inteiramente à categoria de enriquecimento moderado, onde a produção estimada de peixe era de cerca de 190 kg ha^{-1} . O sector sul deste lago (cerca de 23% da sua área total) é considerado um excelente exemplo da categoria de enriquecimento ultra, onde a produção potencial estimada era de cerca de 2000 kg ha^{-1} . O aumento da carga de nutrientes das fontes de água de drenagem para o lago elevou o seu rendimento total para 74000 ton yr^{-1} (censo de 2000, após GAFRD 2000), sendo assim considerado o lago mais produtivo do Egito (aproxima-se de 20% da produção total de peixe egípcio). Atualmente, o lago Manzala produz cerca de 53.000 toneladas por ano^{-1} em comparação com 63.000 toneladas por ano^{-1} para Burullus.

A contribuição das tilápias para as pescarias do lago aumentou nos últimos anos, mas os valiosos peixes marinhos diminuíram devido a vários factores, tais como: diminuição da salinidade da água, poluição da água, recolha excessiva de alevins de peixes marinhos e pesca ilegal de alevins (especialmente no sector oriental). O aumento da drenagem de matéria orgânica para o lago, principalmente a partir de Bahr El-Bakar, desenvolveu a pesca da tilápia e, ao mesmo tempo, limitou a abundância de peixes marinhos no sector sul (as bacias ocidentais semi-isoladas de cerca de 21.000 ha são habitadas principalmente por tilápias, enguias europeias e peixes marinhos menos abundantes.

2.8.3. Pesca fechada

O termo "pesca fechada" engloba uma variedade de sistemas de pesca que vão desde operações de piscicultura (aquacultura) bastante sofisticadas, em que se procede ao repovoamento, alimentação e criação, até sistemas simples de armadilhagem no lago, denominados hosha. A área de pesca fechada representa uma utilização significativa do solo, que ascende a > 42000 ha (MacLaren 1982). Quase 50% deste tipo de pesca encontra-se na província de Port-Said.

Tilapia zillii   بلطى أخضر

Bagrus bajad   بياض

Placa 2.19

Oreochromis aureus بلطى ازرق

Sarotherodon galilaeus بلطى جليلى

Placa 2.20

Oreochromis niloticus   بلطى نيلى

Mugil cephalus   بورى

Placa 2.21

Dicentrarchus punctatus قاروص منقط

Liza ramada طوبارة

Placa 2.22

Dicentrarchus labrax   قاروص

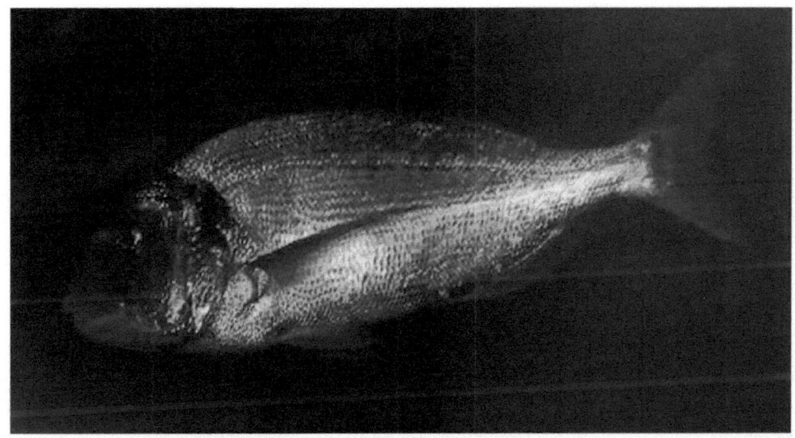

Sparus aurata   دنيس

Barbus bynni bynni   بنى أصلى

Aphanius fasciatus   بطريق

Placa 2.24

Hemichromis bimaculatus   هيمكرومس مخطط

Engraulis encrasicolus   انشوجة

2.9. MICROORGANISMOS

Os saprotróficos no Lago Manzala são principalmente bactérias e fungos de decomposição. Os dados disponíveis sobre ambos os grupos são demasiado limitados; apenas dois artigos foram publicados em 2002 e 2004. O primeiro trata dos fungos zoospóricos recuperados de três lagos do norte (Edku, Burullus e Manzala) e do lago Qaron (Mahmoud e Abou Zeid 2002), enquanto o segundo foi realizado sobre a diversidade de fungos zoospóricos recuperados da água de superfície de quatro lagos, incluindo Burullus e Manzala no norte, Qaron no meio e Nasser no sul (El-Hissy et al. 2004). Não há dúvida de que esta lacuna de informação deve ser preenchida tendo em conta o importante papel biológico dos organismos saprotróficos na dinâmica dos ecossistemas aquáticos.

A presença de diversas bactérias entéricas, tais como (**Quadro 12**): *Citrobacter brackii, Citrobacter freundii, Enterobacter sakazakii, Enterobacter cloacae, Vibrio cholorae, Proteus mirabilis, Proteus vulgaris, Klebsiella pneumoniae* e *Aeromonas hydrophila*; e fungos produtores de micotoxinas (*Aspergillus* spp., *Fusarium*, e espécies de *Penicillium*) em peixes de captura aquática indicou o grau de contaminação do habitat e dos manipuladores. A sua presença representa um perigo potencial para os seres humanos, especialmente para os consumidores imunocomprometidos, como os casos de HIV/AIDS (Zaky e Ibrahim 2017).

De acordo com Zaky e Ibrahim (2017), o padrão de distribuição da micobiota com base na sua presença/ausência nas partes do peixe (por exemplo, pele, brânquias, intestino) no Lago Manzala mostrou que os taxa registados poderiam ser temporariamente classificados em três grupos (**Tabela 13**). **O grupo 1** inclui taxa de ocorrência restrita a apenas uma parte (8 espécies: e.g. *Acremonium* sp., *Aspergillus versicolor* e *Fusarium solani*). **O grupo 2** é constituído por espécies que ocorrem em duas partes de peixes (6 espécies: por exemplo, *Alternaria alternarta, Aspergillus flavus, Fusarium oxysporum* e *Trichoderma* sp). **O grupo 3** contém espécies de ocorrência comum a quase todas as partes do peixe (4 espécies: e.g. *Aspergillus niger, Aspergillus terreus, Cladosporium cladosporioides* e *Penicillium cyclopium*). Os dados da **Tabela (13)** também revelaram que o género predominante é *Aspergillus*, apresentando um espetro de quatro espécies; seguido de *Penicillium*, revelando três espécies. Os restantes taxa foram representados apenas por uma ou duas espécies. Tendo em conta o espetro de espécies, a gama de espécies variou entre as partes do peixe. A riqueza de espécies no intestino apresentou o espetro mais elevado (15 espécies), seguido das brânquias (11 espécies) e da pele (9 espécies).

Tabela 12. Número e percentagem de espécies bacterianas isoladas de *Oreochromis niloticus* no Lago Manzala (Zaky e Ibrahim 2017).

Species	Rate number of isolation	Percentage
Escherichia coli	30	36
Proteus mirabilis	24	30
Klebsiella pneumonia	6	7
Citrobacter freundii	6	7
Providencia stuartii	6	7
Erwinia sp.	6	7

Tabela 13. Biota fúngica isolada das partes de peixes no Lago Manzala (Zaky e Ibrahim 2017).

Fungal species	Presence/absence		
	Skin	Gills	Intestine
Acremonium sp.	-	-	+
Alternaria alternarta	+	+	-
Aspergillus flavus	+	-	+
Aspergillus niger	+	+	+
Aspergillus terreus	+	+	+
Aspergillus versicolor	-	-	+
Chatomium globosum	-	+	-
Cladosporium cladosporioides	+	+	+
Cladosporium sp.	-	+	+
Fusarium oxysporum	+	-	+
Fusarium solani	+	-	-
Geotrichum candidum	-	+	-
Mucor hiemalis	-	-	+
Penicillium chrysogenum	-	+	-
Penicillium citrinum	-	+	+
Penicillium cyclopium	+	+	+
Rhizopus stolonifer	+	-	+
Sporotherx sp.	-	+	+
Trichoderma koningii	-	-	+
Trichoderma sp.	+	-	+

Em todo o mundo, o peixe é considerado uma das fontes mais importantes de proteína animal da dieta humana, especialmente no Egito, bem como noutros países africanos (Kumolu-Johnson e Ndimele 2011). O Lago Manzala está exposto a muitos poluentes, incluindo esgotos não tratados, resíduos agrícolas e industriais que comprometem o estado de saúde dos pescadores e da população que habita as áreas contaminadas. Verificou-se que as amostras de peixe do Lago Manzala têm um conteúdo muito elevado de agentes patogénicos bacterianos, bem como contaminantes com diferentes espécies de fungos produtores de micotoxinas. Microorganismos de origem humana, como *Escherichia coli*, *Staphylococcus aureus* e *Klebsiella pneumonia* foram encontrados para sobreviver e multiplicar no intestino e tecidos de peixes que tornam os peixes uma fonte potencial de doença humana durante longos períodos (Udeze et al. 2012).

Capítulo 3

Bens e serviços dos ecossistemas

3.1. POPULAÇÃO HUMANA

A população da zona húmida do Lago Manzala habita diferentes povoações que variam entre 10.000 pessoas e parcelas unifamiliares. As parcelas unifamiliares concentram-se principalmente na província de Port Said e nas ilhotas dispersas no interior do lago. A maioria da população da zona do lago vive de actividades económicas de pequena escala e possui pequenas explorações agrícolas. A taxa de crescimento da população é semelhante à taxa nacional (cerca de 2,8 % por ano^{-1}). O efeito deste aumento da população sobre a relação homem-terra na zona é evidente. As zonas agrícolas tradicionais, situadas principalmente nas províncias de Dakahliya e Damietta, estão saturadas. As explorações agrícolas são cada vez mais pequenas e a situação dos trabalhadores agrícolas sem terra é cada vez mais difícil. Do mesmo modo, o número de pescadores e de pessoas dependentes da pesca aumentou muito, o que conduziu a uma maior exploração das pescas no lago. A pressão populacional crescente verifica-se nas povoações das zonas recuperadas do lago ou ao longo dos canais de drenagem (por exemplo, Bahr El-Bakar).

Poucas comunidades compactas surgiram nas terras recuperadas dos sectores sul e oeste do lago (as novas terras). As pessoas tendem a residir em aglomerados populacionais ao longo das margens dos canais ou em propriedades isoladas nas suas terras. Muitas das terras recuperadas são detidas por proprietários ausentes, enquanto a maioria das pessoas que vivem e trabalham nas terras são trabalhadores contratados, arrendatários e agricultores em regime de partilha. Demograficamente, a dimensão média do agregado familiar nesta área é de cerca de 6,5 pessoas. Este valor está 1,4 pessoas acima da média nacional do Egito rural, que era de 5,1 pessoas por agregado familiar em 1986. O trabalho de campo revelou uma estrutura etária muito semelhante à estrutura etária do Cairo ou do Egito urbano, com 40% da população com idade inferior a 15 anos, 55,5% de 15-59 anos e apenas 4,3% com $\geq$ 60 anos (Shaltout e Galal 2007).

3.2. UTILIZAÇÃO DOS SOLOS E PRODUTIVIDADE

A área do Lago Manzala foi reduzida em 37% devido à recuperação de terras, acumulação de sedimentos e vegetação (MacLaren 1982). Ao mesmo tempo, o aumento da descarga de água de drenagem mudou o lago de salino para uma bacia de água relativamente doce, com um aumento significativo nos níveis de nutrientes. O impacto destas mudanças na pesca tem sido dramático. Em primeiro lugar, a pesca deixou de ser essencialmente marinha e passou a ser de água doce. Em segundo lugar, o rendimento total aumentou quase sete vezes durante este período. As actividades de pesca cobrem cerca de 70% da área, a agricultura representa apenas 5%, enquanto quase um quarto da área é essencialmente inexplorada. A Hosha, como forma de pesca fechada, produz a maior produção e rendimento económico líquido por unidade de área (**Quadro 14**). Foi também registado o seguinte:

1- Os níveis de produtividade variam entre mais de 1 tonelada ha^{-1} yr^{-1} no sector meridional e apenas 31 kg ha^{-1} yr^{-1} no sector ocidental.

2- A proporção de espécies marinhas no rendimento total é baixa.

3- O rendimento *da tilápia* é insignificante no sector sul, altamente produtivo, e cerca de 15% no sector oeste, relativamente improdutivo.

4- A produção excecionalmente alta de tilápia no sector sul é devida à combinação de vários factores, incluindo: 1- qualidade e quantidade de água (por exemplo, baixa salinidade e alto enriquecimento de nutrientes), 2- topografia e clima (o lago raso e as longas horas de luz solar garantem a rápida assimilação de nutrientes e o crescimento de plantas para a alimentação dos peixes), e 3- esforços de pesca. A tilápia é ideal para estas condições de crescimento biológico rápido, podendo tolerar condições eutróficas.

Tabela 14. Uso da terra e rendimentos económicos na zona húmida do Lago Manzala (MacLaren 1980).

Land use	Area (ha)	Economic return (LE ha^{-1} yr^{-1})
Agriculture	8,484	68.5
Open fishing	89,460	35.3
Hosha fishing	14,280	119.7
Fish farms	26,880	31.9
Other uses	45,133	-
Total	184,170	34

Relativamente às oportunidades de recuperação agrícola, o Lago Manzala e a sua área circundante contêm solos semelhantes aos das terras agrícolas adjacentes altamente produtivas. É possível obter água adequada para a agricultura de regadio intensiva. Assim, não é surpreendente que esquemas de recuperação de cerca de 116.340 ha estivessem em várias fases de consideração ou desenvolvimento perto deste lago. Estes projectos incluíam a recuperação de terrenos não utilizados, bem como de zonas abertas existentes no lago. Estavam em desenvolvimento três projectos de recuperação: 2 520 ha para a exploração leiteira de Damietta, 60 060 ha para o projeto West Matariya e 4 326 ha para o projeto South Matariya. Os principais projectos de recuperação incluíam: 28 518 ha de área lacustre, na sua maior parte aberta, ao longo da costa mediterrânica, 36 330 ha numa faixa de 10 km de largura a oeste da autoestrada Suez-Port-Said (incluindo parte do lago Manzala e todo o lago Um El-Rish), 27 300 ha no vale de Hussyniya Norte, incluindo terras secas e o sector sul do lago Manzala, 29 400 ha no vale de Hussyniya Sul e 2520 ha do lago Manzala a sul de Damietta. A combinação destas propostas de recuperação alteraria drasticamente as caraterísticas físicas e ecológicas da zona húmida de Manzala (Shaltout e Galal 2007).

3.3. CONDIÇÕES DE SAÚDE

3.3.1. Qualidade da água potável

A água potável provém principalmente do Nilo e dos seus braços (canal de Ismailia). A região de Bahr El-Bakar recebe água através da estação de El-Cab, que não cobre toda a região. O governo distribui água por camiões-cisterna a partir de Port Said, mas o abastecimento é insuficiente para a população. Os habitantes locais transferem água potável de El-Manzala e El-Matariya através de navios. Foi efectuado um estudo na região de Bahr El-Bakar sobre a qualidade da água dos tanques existentes nas casas, escolas e instituições governamentais. Foram recolhidas amostras de água de 112 tanques, que foram consideradas adequadas para consumo humano. Por outro lado, a área de Port Said é servida por um sistema de eliminação de esgotos sanitários, enquanto que em Bahr El-Bakar é utilizado um sistema de fossas sépticas para evitar a eliminação direta dos esgotos na rede de drenagem. As zonas isoladas, como as ilhas, sofrem de más condições de saneamento e de todos os problemas de saúde associados (Shaltout e Galal 2007).

As amostras de água potável de Port Said são analisadas (bacteriológica e quimicamente), numa base regular, nos laboratórios centrais de Mansoura. Uma amostra recolhida em 28/5/1992 não correspondeu às normas de medição devido a um aumento da turvação, embora não contivesse bactérias. Tradicionalmente, a disponibilidade de água, incluindo água potável, tem sido um fator determinante entre a prosperidade e a fome no Egito. Isto é particularmente verdade atualmente, com uma população em rápido crescimento que exige níveis mais elevados de produção agrícola e melhores condições sanitárias. Os poços profundos, que são importantes fontes de abastecimento de água subterrânea, ficam contaminados devido à infiltração de água dos canais e dos esgotos. A redução da contaminação da água nos canais e drenos através das zonas húmidas artificiais afectará positivamente a qualidade da água potável.

3.3.2. Doenças transmitidas pela água

As doenças de veiculação hídrica na zona do lago Manzala desenvolvem-se através da ingestão ou do contacto com a água contaminada. A água potável é responsável por doenças entéricas (manifestações gastrointestinais) tais como: doenças bacterianas e virais (por exemplo, disenteria bacilar e gastrite), hepatite infecciosa, doenças parasitárias (por exemplo, disenteria amebiana e ascaris) e doenças químicas (sintomas gastrointestinais não específicos). O contacto com a água contaminada pode ser responsável pela esquistossomose e pela dermatite.

3.3.3. Contaminação química

Os contaminantes químicos das águas superficiais, sedimentos e biota contêm metais pesados (e.g., Hg, Cd, Zn, Pb e Cu), hidrocarbonetos aromáticos policíclicos (PAH), hidrocarbonetos clorados e químicos industriais (DDT e PCB) e hidrocarbonetos de petróleo. O risco para a saúde dos hidrocarbonetos clorados na área do Lago Manzala é insignificante, uma vez que as concentrações de DDT e PCB na biota e nos sedimentos são geralmente baixas. A contaminação mais significativa dos sedimentos por DDT e PCB foi observada perto dos principais esgotos. Para mitigar potenciais problemas de saúde, devem ser tomadas precauções relativamente à eliminação de lamas e à colheita de plantas aquáticas. Os compostos contendo azoto que podem ser detectados nos esgotos de Bahr Hadus e El Serw são carcinogénicos e podem perturbar a divisão celular e conduzir a malformações congénitas do feto.

3.3.4. Principais causas de doença

A população que vive na zona do lago Manzala sofre dos mesmos problemas de saúde que a maioria dos egípcios. As principais causas de doença são as doenças transmissíveis e não transmissíveis. Os perigos para a saúde nesta zona devem-se principalmente a: 1- contaminação com produtos químicos (incluindo metais pesados) provenientes de resíduos industriais, 2- pesticidas provenientes de esgotos agrícolas, 3- eliminação de esgotos, 4- gases provenientes da decomposição orgânica e química, 5- surtos de insectos (por exemplo, moscas e mosquitos) e 6- maus hábitos sanitários (por exemplo, lavar as mãos, pratos e legumes na água contaminada). Foram identificados quatro grupos principais de doenças na zona húmida do Lago Manzala: 1- insuficiência renal, cancro, doenças do fígado e disenteria amebiana; 2- febre tifoide, malária e esquistossomose; 3- doenças de pele e 4- salmonelose.

3.4. BENS E SERVIÇOS

Cento e vinte e quatro espécies no Lago Manzala (86,1% do total de espécies registadas) têm alguns serviços ambientais e/ou bens económicos (Galal 2005). Como mostra a **Tabela (15)**, 89 espécies têm serviços ambientais e bens económicos (e.g. *Arundo donax, Cakile maritima e Cyperus alopecuroides*). Por outro lado, 35 espécies têm apenas serviços ambientais ou bens económicos (e.g. *Leptochloafusca, Cynanchum acutum e Cressa critica*).

3.4.1. Serviços ambientais

Cento e duas espécies no Lago Manzala (82,3% do total de espécies registadas) têm pelo menos um aspeto dos serviços ambientais (**Tabela 15**). As espécies de importância ambiental estão dispostas jescendentemente da seguinte forma: 38,2% ervas daninhas ruderais, 35,3% ervas daninhas segetais, 19,6% controladores de areia (e.g. quebra-ventos, aglutinadores de areia e formadores de hummock), 9,8% retentores de margens, 6,6% controladores de ervas daninhas, 3,9% envenenadores, 3,9% invasores de água, 3,9% purificadores de água 2,9% sombreadores e 2,9% são parasitas (**Fig. 17**).

3.4.2. Bens económicos

Cento e onze espécies (89,5% do total das espécies registadas) apresentam pelo menos um aspeto dos bens económicos potenciais ou reais (**quadro 14**). Os bens económicos das espécies registadas podem ser ordenados de forma decrescente da seguinte forma: 84 espécies de pastoreio (75,7% do total de espécies económicas), 61 espécies medicinais (55,0%), 22 espécies são alimento humano (19,8%), 17 espécies são utilizadas como combustível (15,3%) e 3 espécies (2,7%) são utilizadas como madeira (**Fig. 18**).

3.5. PAPEL DO LAGO MANZALLA NO SEQUESTRO DE CARBONO

A nível mundial, os níveis atmosféricos de dióxido de carbono (CO_2) aumentaram 31% entre 1850 e 2005 (280-380 ppmv). Recentemente, está a aumentar a 1,7 ppmv por ano[1] ou 0,46% por ano[1], o que acelera as alterações climáticas globais. Assim, uma das questões ambientais que tem merecido atenção recentemente é a promoção de novas técnicas para compensar a descarga de CO_2 para a atmosfera. A atenuação do aquecimento global está a tornar-se cada vez mais importante à medida que os efeitos das alterações climáticas se tornam evidentes em todo o mundo. A aplicação de medidas para sequestrar o CO atmosférico$_2$ pelas plantas e armazenar o carbono fixo sob a forma de carbono orgânico do solo pode contribuir fundamentalmente para o cumprimento do Protocolo de Quioto. Uma abordagem que tem sido desenvolvida para compensar as emissões de CO_2 para a atmosfera é a captura e sequestro de carbono, que inclui técnicas abióticas e bióticas (Eid et al. 2017).

Considera-se que o sequestro de carbono no solo é uma das formas mais económicas de mitigar o aumento do CO_2 e o efeito de estufa global. As zonas húmidas são sistemas de transição que se situam entre os ecossistemas terrestres e os ecossistemas aquáticos e ocorrem em zonas onde

Tabela 15. Serviços ambientais e bens económicos oferecidos pelas espécies vegetais registadas no lago Manzala. Br: retentora de margens, Sh: sombreadoras, Ru: ruderais, Sw: ervas daninhas segetais, In: invasoras de água, Wc: controladoras de ervas daninhas, Sc: controladoras de areia, Po: envenenadoras, Wp: purificadoras de água, Pa: parasitas, GR: pastagem, FU: combustível, ME: uso medicinal, HF: alimentação humana, TI: madeira e OT: outros usos. EI: índice económico (segundo Galal 2005).

Quadro 15. Continuar

Species	Environmental Services												Economic Goods						
	Br	Sh	Ru	Sw	In	Wc	Sc	Po	Wp	Pa	OT	Total	GR	FU	ME	HF	TI	OT	Total
Aeluropus lagopoides							1				1	2	1	1					2
Aeluropus massauensis													1						1
Amaranthus viridis			1									1			1	1			2
Anethum graveolens																1			1
Arthrocnemum macrostachyum	1					1	1					3	1	1	1				3
Arundo donax	1		1		1							3	1	1					2
Atriplex portulacoides							1					1	1						1
Avena fatua				1								1	1						1
Azolla filiculoides													1		1			1	3
Bassia indica			1									1	1	1	1				3
Beta vulgaris				1								1				1			1
Brassica nigra															1	1			2
Brassica tournefortii				1								1	1		1	1		1	4
Bromus aegyptiacus				1								1	1						1
Bromus diandrus													1						1
Cakile maritima		1					1				1	3	1		1			1	3
Capsella bursa-pastoris				1								1			1				1
Centauria calcitrapa			1									1	1		1				2
Ceratophyllum demersum									1			1	1		1				2
Chenopodium album				1								1			1	1			2
Chenopodium ambrosioides	1	1			1							3	1					1	2
Chenopodium murale			1									1			1			1	2
Cichorium endivia			1									1			1	1			2
Cistanche phelypaea					1					1		2			1				1
Cistanche tubulosa										1		1	1						1
Conyza bonariensis			1									1	1	1	1				3
Corchorus olitorius			1									1					1		1
Cressa critica														1	1				2

Quadro 15. Continuar

Species	Environmental Services												Economic Goods						
	Br	Sh	Ru	Sw	In	We	Se	Po	Wp	Pa	OT	Total	GR	FU	ME	HF	TI	OT	Total
Cutandia memphitica							1					1	1						1
Cynanchum acutum			1									1							
Cynodon dactylon				1			1					2	1	1	1				3
Cyperus alopecuroides			1		1							2	1					1	2
Cyperus articulatus			1		1							2	1		1				2
Cyperus deformis			1									1	1						1
Cyperus laevigatus			1			1						2	1						1
Cyperus rotundus				1								1	1		1				2
Dactyloctenium aegyptium			1									1	1						1
Echinochloa crusgalli				1								1	1						1
Echinocloa colona			1									1	1						1
Echinocloa stagnina			1		1							2	1						1
Eclipta prostrata			1									1			1				1
Eichhornia crassipes									1			1	1					1	2
Eleusine indica				1			1					2	1						1
Epilobium hirsutum			1									1							
Frankenia hirsuta							1				1	2	1	1	1				3
Fumaria densiflora				1								1							
Halocnemum strobilaceum	1						1					2	1		1				2
Hordeum marinum													1		1				2
Imperata cylindrica	1		1		1							3	1		1			1	3
Ipomoea carnea			1				1					2	1			1			2
Juncus acutus			1				1					2	1		1			1	3
Juncus bufonius			1									1	1						1
Juncus rigidus			1									1	1		1			1	3
Juncus subulatus													1						1
Lamium amplexicaule				1								1							
Lemna gibba													1					1	2

Quadro 15. Continuar

Species	Environmental Services												Economic Goods						
	Br	Sh	Ru	Sw	In	We	Se	Po	Wp	Pa	OT	Total	GR	FU	ME	HF	TI	OT	Total
Leptochloa fusca				1	1							2							
Limbarda crithmoides	1											1			1				1
Limoniastrum monopetalum							1				1	2		1	1				2
Limonium narbonence													1						1
Limonium pruinosum													1		1				2
Lobularia arabica						1						1	1		1				2
Lolium perenne			1									1	1		1	1			3
Lolium rigidum			1									1							
Ludwigia stolonifera		1										1							
Malva parviflora			1									1	1		1	1			3
Marsilea aegyptiaca		1										1							
Melilotus indicus			1									1	1		1				2
Nymphaea coerulea															1				1
Nymphaea lotus															1				1
Orobanche cernua			1							1		2							
Panicum repens	1		1									2	1		1	1			3
Parapholis incurva													1						1
Paspalidium geminatum			1	1								2	1					1	2
Paspalum distichum			1	1								2	1						1
Persicaria lapathifolia													1					1	2
Persicaria salicifolia			1									1	1					1	2
Persicaria senegalensis			1	1								2	1						1
Phalaris minor				1								1	1						1
Phoenix dactylifera													1	1	1	1	1	1	6
Phragmites australis			1	1						1		3	1	1	1	1		1	5
Phyla nodiflora			1		1							2	1						1
Pistia stratiotes				1								1							
Plantago crassifolia															1	1		1	3

Quadro 15. Continuar

Species	Br	Sh	Ru	Sw	In	Wc	Sc	Po	Wp	Pa	OT	Total	GR	FU	ME	HF	TI	OT	Total
Plantago major				1								1	1		1				2
Pluchea dioscoridis			1									1			1			1	2
Poa annua				1								1	1		1				2
Polygomum equisetiforme			1									1	1	1	1	1	1	1	6
Polypogon monspeliensis				1								1	1						1
Portulaca oleracea				1								1	1		1	1			3
Potamogeton crispus					1							1	1						1
Potamogeton pectinatus					1							1	1						1
Potentilla supina			1									1							
Ranunculus sceleratus			1					1				2			1				1
Saccharum spntaneum						1	1					2	1		1				2
Salsola kali			1									1			1	1		1	3
Salsola longifolia							1				1	2	1		1				2
Sarcocornia fruticosa							1				1	2	1	1	1				3
Schismus barbatus				1								1	1		1				2
Scirpus litoralis			1									1	1						1
Scirpus maritimus			1									1	1						1
Senecio glaucus subsp. *coronopifolius*				1								1				1			1
Senecio vulgaris							1				1	2	1		1				2
Setaria verticillata				1								1	1					1	2
Solanum nigrum				1				1				2			1	1			2
Sonchus oleraceus				1								1	1			1			2
Spergularia marina				1								1	1						1
Spergularia media													1						1
Sphenopus divaricatus																		1	1
Sporopolus pungens													1						1
Stellaria pallida				1								1	1		1				2
Suaeda pruinosa	1											1	1	1	1				3
Suaeda vermiculata	1											1	1						1
Suaeda vera	1											1			1				1
Symphyotrichum squamatum			1									1							

Quadro 15. Continuar

Species	Br	Sh	Ru	Sw	In	Wc	Sc	Po	Wp	Pa	OT	Total	GR	FU	ME	HF	TI	OT	Total
Tamarix nilotica		1	1				1					3	1	1	1				3
Tamarix tetragyna		1					1					2	1	1	1		1	1	5
Typha domingensis			1					1				2			1				1
Urospemum picroides				1								1	1			1			2
Urtica pilulifera															1				1
Urtica urens				1								1			1				1
Veronica anagallis-aquatica							1					1	1		1				2
Zygophyllum aegyptium													1						1
Zygophyllum album					1							1	1		1			1	3
Total species	10	3	39	36	11	7	20	4	4	3	7	102	84	17	61	22	3	24	111
Percentage	9.8	2.9	38.2	35.3	10.8	6.9	19.6	3.9	3.9	2.9	6.9	82.3	75.7	15.3	55.0	19.8	2.7	21.6	89.5

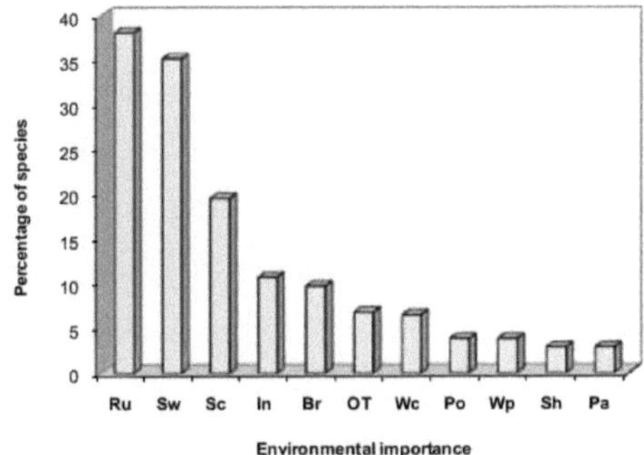

Fig. 17. Disposição descendente dos serviços ambientais das espécies registadas no Lago Manzala. Sw: ervas

95

daninhas segetais, Ru: ruderais, OT: outras importâncias, Sc: controladores de areia, Br: retentores de margens, Po: envenenadores, In: invasores de água, Wc: controladores de ervas daninhas, Pa: parasitas, Sh: sombreadores, Wp: purificadores de água e Nf: fixador de azoto (segundo Galal 2005).

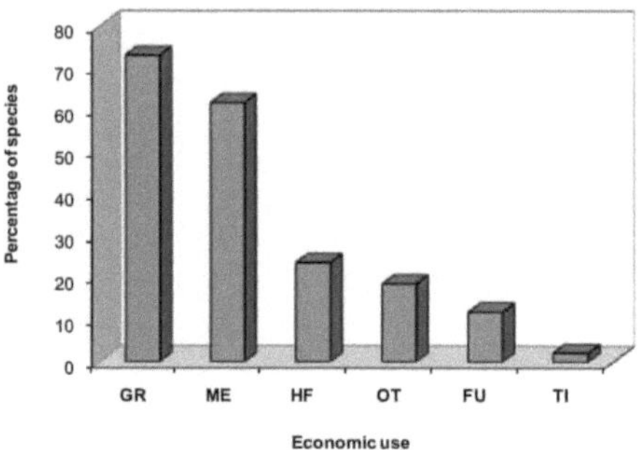

Fig. 18. Disposição descendente dos bens económicos das espécies registadas no Lago Manzala. GR: pastagem, ME: medicinal, HF: alimentação humana, OT: outros usos, FU: combustível e TI: madeira (segundo Galal 2005).

As zonas húmidas são zonas onde os sedimentos são artificialmente ou naturalmente inundados ou saturados por águas subterrâneas ou superficiais durante parte ou todo o ano. Embora as zonas húmidas ocupem apenas 5-8 % da superfície terrestre, contêm cerca de 68 % das reservas de carbono do solo terrestre e têm um papel importante no sequestro de carbono (Eid e Shaltout 2013). Assim, as zonas húmidas representam uma das maiores reservas biológicas de carbono e desempenham um papel decisivo no ciclo global do carbono. No entanto, grandes áreas de zonas húmidas são projectadas para a destruição humana (convertendo-as em terras agrícolas e áreas urbanas) e para a subida do nível do mar (citado de Eid et al. 2017).

O estudo de Eid et al. (2017) teve como objetivo quantificar a distribuição vertical da densidade aparente do sedimento (SBD), a concentração de carbono orgânico do sedimento (SOC) e a densidade SOC no sedimento dos cinco lagos mediterrânicos do Egito (Bardawil, Manzala, Burullus, Edku e Mariut); avaliar a taxa de sequestro de carbono (CSR) e o potencial de sequestro de carbono (CSP) destes lagos; e estabelecer dados de base para estudos futuros sobre a dinâmica SOC. Com base na área destes lagos e na sua CSR, o CSP variou entre 0,95 Gg C yr^1 no Lago Bardawil (com uma área de 650 km^2 e uma taxa de sedimentação de 0,54 mm yr^1) e 7,79 Gg C yr^1 no Lago Manzala (com uma área de 1020 km^2 e uma taxa de sedimentação de 3,40 mm yr[1]).

Considerando um preço de carbono de 110 € ton[1] de carbono (Plan Blue 2016), o serviço de armazenamento de carbono prestado pelo Lago Manzalla pode ser avaliado em cerca de 110 x 7790 = €. 856.900 por ano[1] . Assim, o Lago Manzalla poderia ser uma ferramenta eficiente para o sequestro de carbono e a redução das emissões de gases com efeito de estufa (por exemplo, CO_2 e metano) nas zonas húmidas mediterrânicas. Assim, é necessário proteger e restaurar o Lago Manzalla, bem como os outros lagos mediterrânicos, que atualmente sofrem de falta de proteção eficaz, para manter o seu papel no sequestro de carbono entre outros serviços do ecossistema.

Capítulo 4

Ameaças ao ecossistema

4.1. CONSTRUÇÃO DO CANAL DE EL-SALAM

O Canal El-Salam é um projeto nacional (**Fig. 19**) que visa transportar a água do Nilo para o Norte do Sinai, a fim de permitir o desenvolvimento agrícola de cerca de 92 400 ha a sul do Lago Manzala e 168 000 ha no Norte do Sinai (Abdel Kader et al. 1999). A construção deste canal levou a algumas mudanças no uso da terra ao longo das margens do lago. Utilizando imagens Landsat, observou-se que o canal delimitou um troço de cerca de 7 km^2 ao longo das margens do lago que foram drenadas e secas para desenvolvimento agrícola e urbano-rural. Entre 1987 e 1993, as áreas de zonas húmidas vegetadas e não vegetadas foram reduzidas em 3,9% e 1,4%. Por outro lado, as áreas urbano-rurais, as terras agrícolas e os sabkhas aumentaram cerca de 1,1%, 10,6% e 3,3%, respetivamente (Shaltout e Galal 2007).

4.2. FRAGMENTAÇÃO DA MASSA DE ÁGUA

Vale a pena mencionar que o Lago Manzala mudou durante as últimas três décadas de um corpo de água conectado e bem circulado para um número de sub-bacias semi-fechadas com diferentes graus de poluição. O isolamento das sub-bacias resultou numa circulação limitada da água e num aumento da poluição, mais significativo nas bacias com descargas de esgotos, uma vez que a dispersão geográfica dos poluentes se tornou mais confinada (Abdel Kader et al. 1999). A zona poluída situa-se na parte sudeste do lago, na foz do esgoto de Hadous; é a zona com maior quantidade de sais dissolvidos totais lançados no lago (Anonymous 2000). Esta zona recebe também grandes quantidades de água da drenagem de Bahr El-Bakar, que transporta esgotos parcialmente tratados da parte oriental do Cairo ao longo de cerca de 170 km até ao lago. Esta água transporta quantidades excessivas de partículas, nutrientes, microorganismos, metais pesados e substâncias orgânicas tóxicas. Afirmam ainda que esta situação tem vindo a causar uma grave perda de biodiversidade e uma séria ameaça à saúde humana, com uma elevada incidência de algumas doenças como a gastrite, a hepatite infecciosa e outras afecções (Shaltout e Galal 2007).

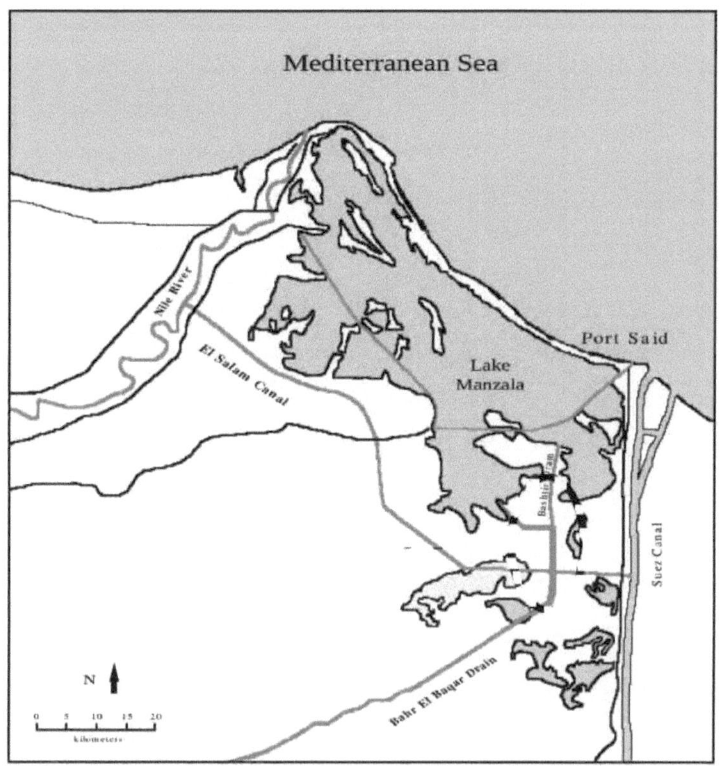

Fig. 19. Mapa de localização do Lago Manzala mostrando o canal El-Salam (segundo o PNUD 1997).

4.3. VULNERABILIDADE DO BANCO DE AREIA

A barra de areia que separa o Lago Manzala do Mar Mediterrâneo tem sido sujeita a graves alterações devido aos processos físicos e antrópicos na zona. É vulnerável ao ataque do vento e das ondas; tem sido também uma área atractiva para o desenvolvimento costeiro (por exemplo, para fins turísticos, comerciais, residenciais e recreativos). Reciprocamente, o desenvolvimento costeiro para estes fins tem estado em risco devido à erosão das praias, à recessão da linha de costa, à inundação costeira, aos desvios de areia e a perigos semelhantes. Além disso, as alterações costeiras ao longo do Delta do Nilo têm sido reconhecidas desde o final do século XIX, mas foram dramaticamente aceleradas após a construção da barragem de Aswan. Abdel Kader et al. (1999) estimaram que, no promontório de Damietta, a área total erodida entre 1952 e 1987 foi de 6,4 km^2 , com uma média anual de 0,2 km^2 por ano. De 1987 a 1993, a área total erodida foi de 1,4 km^2 , com uma média anual de 0,02 km^2 yr^{-1} . A leste do promontório, existe um sistema dinâmico de espigões que migra de oeste para sudeste; é alimentado pelos sedimentos erodidos no promontório. Este sistema não estava presente em 1952, a leste e estendendo-se em direção a Port Said, existem bolsas alternadas de erosão e deposição. Mais a leste, em Port Said, a variação líquida da erosão/deposição indica uma acreção líquida a uma taxa de 0,1 km yr$^{2-1}$ entre 1987 e 1993 (Shaltout e Galal 2007).

4.4. AMEAÇAS À PESCA

1- A negligência na limpeza e dragagem da entrada do lago para o Mediterrâneo é a primeira queixa dos pescadores. A diminuição dos níveis de salinidade prejudicou o habitat dos peixes e os viveiros de alguns peixes marinhos de elevado valor.

2- Hosha, um método ilegal de captura de peixe é amplamente praticado no Lago Manzala, que colhe peixes de todos os tamanhos, o que certamente afecta a produção de peixe do lago.

3- Captura ilegal de pequenos peixes e alevins diretamente da única enseada existente, por bandos que operam ilegalmente para abastecer as pisciculturas estabelecidas na margem sul do lago.

4- A utilização de artes de pesca ilegais com malhas pequenas leva à captura de peixes de tamanho não comercial, que acabam por ser secos e utilizados na indústria alimentar. Este facto tem certamente um impacto negativo na produção líquida de peixe do lago.

5- A água de drenagem tem dominado o ecossistema do lago, e as entradas de água no lago são sempre superiores às saídas. Isto significa que a água do lago está num movimento contínuo em direção ao mar, reduzindo a salinidade da água do lago, o que, por sua vez, tem um impacto grave na presença de espécies de peixes marinhos no lago.

6- Poluição e eliminação de resíduos: Cerca de 7500 milhões de metros de águas de drenagem domésticas, industriais e agrícolas não tratadas são descarregados anualmente (Abdel-Rasheed 2011) na lagoa Manzala através de vários esgotos, incluindo o esgoto de Bahr El-Bakar (águas residuais domésticas e industriais): Os esgotos de Hadous, Ramsis e El Tawil (principalmente com águas residuais domésticas e industriais agrícolas) a sul e os esgotos de El-Serw, Faraskor e El Inaniya (efluentes domésticos e agrícolas) a sudoeste e oeste (Abu Khatita et al. 2016). As águas de drenagem agrícola com quantidades crescentes de fertilizantes e pesticidas estão a ser lançadas no Lago Manzala, contribuindo significativamente para a eutrofização e poluição do lago. As águas residuais municipais de

Bahr El-Bakar e das aldeias que contornam o Lago Manzala são diretamente lançadas no lago, o que levou à rápida eutrofização de algumas partes do lago e promoveu ainda mais o crescimento extensivo de caniçais. Além disso, a drenagem de resíduos tóxicos e industriais para a lagoa erradicou algumas populações de peixes sensíveis e contaminou a água; até alguns pescadores sofreram de doenças de pele. Atualmente, os resíduos sólidos são uma das principais fontes de poluição ambiental associadas aos assentamentos humanos no Egito. Atualmente, não existem mecanismos ou instalações para tratar os resíduos sólidos.

7- A fraca sensibilização dos pescadores para as questões ambientais, bem como para os planos de gestão e a sua importância, aliada a uma compreensão limitada do papel das áreas protegidas e do seu valor (tanto a nível local como nacional) são alguns dos factores básicos que dificultam a gestão adequada da pesca no lago Manzala e ameaçam a sua integridade a longo prazo.

4.5. IMPACTOS DA SUBIDA DO NÍVEL DO MAR

4.5.1. Impactos físicos

No próximo século, prevê-se a intrusão de água salgada, a inundação costeira e as alterações da utilização do solo e do coberto vegetal. A parte oriental do Lago Manzala (Porto Said e a parte norte do Canal do Suez) parece diminuir mais rapidamente do que qualquer outra região ao longo da costa do Delta do Nilo. Prevê-se que a subida do nível do mar provoque um deslocamento da cunha salina para terra e aumente a taxa de infiltração salina no solo superficial do delta. Esta situação pode ter um impacto grave na agricultura e nas condições de drenagem e, potencialmente, nos recursos hídricos subterrâneos disponíveis no delta superior do Nilo. Além disso, a salinidade do lago Manzala pode aumentar devido a uma maior influência dos fluxos de maré que penetram no lago. As alterações das condições de salinidade do lago Manzala podem ter impacto na ecologia do lago e nas pescas. A aceleração da subida do nível do mar irá aumentar o aumento da salinidade. Em combinação com a noção de que é improvável que o lago se expanda para o interior (uma vez que serão tomadas medidas de proteção), isto leva à previsão geral de que as zonas húmidas pouco profundas diminuirão e que os canaviais se tornarão menos abundantes (devido a salinidades mais elevadas).

4.5.2. Impactos socioeconómicos

De acordo com El Raey et al. (1999), os impactos mais graves da subida do nível do mar na província de Port Said seriam a ameaça às comunidades de praia recreativas, bem como a outras actividades na zona costeira. Com base no cenário local de subida do nível do mar adotado de 0,5, 0,8 e 1,3 m, são estimadas perdas para as áreas terrestres, urbanas, industriais e de vegetação, bem como para a população e o emprego. As estimativas das perdas foram efectuadas através da sobreposição das distâncias de recuo horizontal de Bruun sobre as áreas de utilização do solo obtidas a partir de imagens de satélite e de levantamentos terrestres. As zonas de praia são as mais gravemente afectadas (daí o turismo), seguidas das zonas urbanas, enquanto o sector agrícola é o menos afetado. Embora as zonas de praia afectadas sejam grandes, as perdas percentuais nas zonas industriais, na rede de transportes e nas zonas urbanas são as mais graves. Estima-se que as perdas económicas sejam superiores a 2,0 mil milhões de dólares para uma subida do nível do mar de 0,5 m e que possam exceder 4,4 mil milhões de dólares para uma subida do nível do mar de 1,25 m. Prevê-se que cerca de 28 000 a 70 000 pessoas sejam deslocadas e que se percam pelo menos 6 700 a 16 700 postos de trabalho no cenário adotado (El Raey et al. 1999).

Do ponto de vista socioeconómico, a zona costeira da área de Port Said é importante para a maioria da população desta área. O turismo está essencialmente orientado para a natação e os banhos de sol. Por conseguinte, a costa, o declive e a qualidade da praia e do mar são de importância primordial para este sector. A maior parte das instalações turísticas, tais como hotéis e campos de férias, situam-se numa faixa costeira de 200 a 300 m. Existem também importantes sítios arqueológicos ao longo da parte norte do Canal do Suez. A indústria desempenha um papel importante no emprego na província de Port Said, devido à existência do Canal do Suez. Este sector será afetado pela subida do nível do mar; a sua perda é de cerca de 12,5% em caso de subida de meio metro do nível do mar. A parte sudoeste da província, adjacente ao lago, só será afetada em caso de subida de 1,25 do nível do mar, uma vez que a sua elevação é de cerca de 1 m. Recomenda-se que sejam tomadas medidas de proteção para esta região em caso de subida mais elevada do nível do mar (El Raey et al. 1999).

4.6. OUTRAS AMEAÇAS

Para além das fontes anteriores de grandes ameaças ao lago Manzala, Abdel Kader et al. (1999) identificaram uma série de outras ameaças ao lago e aos seus arredores, tais como

1. O assoreamento contribuiu para transformar o lago numa série de bacias semi-fechadas, em vez de uma única massa de água ligada entre si.

2. Elevados níveis de eutrofização resultantes do aumento do afluxo de nutrientes provenientes de esgotos agrícolas que transportam grandes quantidades de fertilizantes e pesticidas lavados e lixiviados.

3. Crescimento excessivo de explorações legais e ilegais sem controlo.

4. Práticas de pesca erróneas e aumento dos aglomerados urbanos e rurais em torno das margens do lago, principalmente à custa da zona do lago.

Placa 4.1

Construção urbana em torno do lago Manzala

Sobrepesca no lago Manzala

Capítulo 5

Conservação e recomendações

5.1. MEDIDAS DE CONSERVAÇÃO

Em resposta à grave poluição do lago Manzala, o Governo egípcio lançou, em 1997-1999, um projeto, com o apoio financeiro do Fundo Mundial para o Ambiente (GEF), para limpar as águas poluídas do esgoto de Bahr El-Bakar, a fim de reduzir a poluição do lago Manzala e do mar Mediterrâneo. Além disso, uma pequena área de cerca de 35 km^2 do Lago Manzala, incluindo a sua ligação com o Mar Mediterrâneo em Ashtum El-Gamil, foi declarada área protegida pelo Decreto do Primeiro-Ministro número 459 em 1988 (conforme citado por Galal et al. 2012).

O lago da Manzala sofre de vários problemas de gestão que afectam negativamente a sua ecologia e a avifauna. No entanto, todos estes problemas são ofuscados pelo recente advento do "East of the Bypass Project", lançado em 1998 para estabelecer um porto e uma zona industrial localizados precisamente onde se situam as lagoas de Manzala (Shaltout e Galal 2007).

5.2. RECOMENDAÇÕES

5.2.1. Recomendações gerais

1- Realização de uma revisão exaustiva da literatura sobre as diferentes componentes bióticas e abióticas do Lago Manzala (pelo menos nos últimos 30 anos). Isto levará a preencher as lacunas de informação sobre a biota do lago e as suas relações com as condições ambientais prevalecentes (por exemplo, caraterísticas da água e dos sedimentos).

2- Preparar listas de controlo para todos os componentes bióticos do lago com base na literatura disponível e em estudos de campo. Isto levará a explorar a importância do Lago Manzala como um ponto quente para a conservação da biodiversidade egípcia, particularmente as aves migratórias.

3- Avaliar o orçamento hídrico do lago tendo em conta a interação mar-lago. Este estudo levará à aplicação de algumas medidas urgentes para aumentar a salinidade da água e diminuir a poluição da água.

4- A socioeconomia desta zona húmida deve ser avaliada, uma vez que muitos dos seus recursos naturais, em especial a produção de peixe, são oferecidos gratuitamente aos habitantes locais pobres. Por exemplo, a criação de novas explorações piscícolas, de estâncias de veraneio e de aglomerações humanas, bem como a recuperação de terras para fins agrícolas, não devem ser efectuadas à custa da massa aquática do lago.

5- Aplicação da abordagem ecossistémica no plano de gestão do lago, caso exista, a fim de obter uma utilização sustentável dos seus recursos naturais.

6- Avaliação dos bens e serviços que esta zona húmida oferece gratuitamente (por exemplo, economia de cana como planta forrageira e matéria-prima para muitas indústrias tradicionais, plantas medicinais, purificação da água, proteção contra as fortes marés e inundações fluviais, barreira contra a intrusão da água do mar sub-superficial no reservatório subterrâneo de água doce no Delta do Nilo a sul do lago).

7- Avaliar o seu papel na atenuação do extremo térmico, uma vez que as zonas húmidas com vegetação funcionam como sumidouros para a absorção de CO_2 (um dos gases responsáveis pelo aquecimento global).

8- Realização de um estudo de impacto ambiental (EIA) para o novo porto de Damietta, tendo em conta o seu impacto no ecossistema do lago Manzala.

5.2.2. Recomendações para a gestão das pescas

1- Economicamente, a principal atividade no Lago da Manzala é a produção de peixe, cuja fonte de rendimento provém da pesca para a maioria da população. Portanto, as actividades pesqueiras devem ter prioridade no desenvolvimento dos padrões da população, porque este é o primeiro passo para a sustentabilidade.

2- O plano de gestão das pescas deve ser preparado pelas autoridades interessadas, tais como a Autoridade Geral para o Desenvolvimento dos Recursos Pesqueiros (GADFR), bem como outras agências nacionais (por exemplo, Organizações de Conservação e Agências de Desenvolvimento) e organizações não governamentais (ONG). É necessária uma participação suplementar da população local nos esforços de gestão, porque quando os habitantes locais se sentem parte do desenvolvimento e do progresso, então as organizações de conservação podem ter a certeza de que a proteção e a gestão da zona húmida estão garantidas. Por conseguinte, devem ser dados passos largos para promover a sensibilização do público no sentido de compreender a gestão e a proteção dos recursos naturais.

3- Na fase inicial do processo de gestão e monitorização, é necessário estabelecer uma base de dados que sirva de ponto de partida, com a qual serão comparados os resultados da monitorização subsequente.

4- Obtenção de dados regulares sobre a pesca junto das autoridades locais responsáveis pela pesca (prioridade elevada). É particularmente importante recolher informações precisas sobre o valor económico da pesca e da produção de peixe no Lago Manzala. Esta informação será muito útil para determinar e avaliar as opções de gestão da pesca neste lago.

5- A entrada de água dos canais de drenagem agrícola no lago deve ser examinada regularmente para controlar a entrada de água poluída no lago.

6- Remoção dos resíduos sólidos das margens dos lagos, quer através da sua recolocação longe da água do lago para uma zona mais aceitável do ponto de vista ambiental, quer através da construção de uma unidade de reciclagem desses resíduos, para além da sensibilização do público para desencorajar a deposição de lixo.

7- Monitorizar o nível de água e a salinidade do lago através de um programa de gestão adequado para controlar a quantidade de água de drenagem que entra no lago.

8- A piscicultura está a tornar-se uma atividade proeminente ao longo das margens do Lago Manzala, ocupando áreas cada vez maiores. Estas estão frequentemente a atrair um grande número de aves aquáticas e outros animais selvagens. É necessário avaliar o valor ecológico das aquaculturas na região como habitats alternativos de zonas húmidas, e o efeito que os vários procedimentos de gestão aplicados têm sobre esse valor. O estudo deve propor formas que maximizem os benefícios tanto para a pesca como para a vida selvagem.

9- Devem ser proibidas as práticas de pesca ilegais, como a captura de alevins e de peixes pequenos na zona de entrada do mar, o procedimento de pesca "Hosha" e a utilização de artes de pesca ilegais com malhas pequenas.

Placa 5.1

Zona de piscicultura no lago Manzala (extensão de 29 km)

108

REFERÊNCIAS

Abdel Kader, A.F., Abu El-Magd, I.H. e Hegab. 0.A. (1999). Utilização da deteção remota e de sistemas de informação geográfica na avaliação ambiental do Lago Manzala, Egito. Afr. J. Environ. Assess. Manage. 1:119-132

Abdel Mola, H.R., Abd El-Rashid, M. (2012). Efeito dos drenos na distribuição do zooplâncton na parte sudeste do Lago Manzala, Egito. Egito. J. Aquat. Biol. Fish. 16(4): 57-68.

Abdelaal, M.M. (1999). Modelação das pescarias do lago Manzala, Egito, utilizando métodos estatísticos paramétricos e não paramétricos. Tese de doutoramento, Universidade de Plymouth, Londres. 257 pp.

Abdel-Rasheed, M.E. (2011): Estudos ecológicos sobre o lago El-Manzalah com especial referência à sua qualidade da água e produtividade de sedimentos. Tese de Mestrado, Fac. Sci., Al-AzharUniversity, Egito.

Abu Al-Izz, M.S. (1971). Landforms of Egypt. Traduzido por Dr. Fayid, Y.A. American Univ. Cairo Press, Cairo, 281 pp.

Abu Khatita, A.M., Shaker, I.M., El Zawahry, M.K. e Shetaia, S.A. (2016). Distribuição e avaliação do risco ecológico de metais pesados nos núcleos de sedimentos da lagoa Manzala, Egito. Int. J. Innov. Sci. Engin. Tech. 3(4): 377-387.

Ali, M.M. e Sultan, M.E. (1996). Os impactos de três efluentes industriais em plantas aquáticas submersas no rio Nilo, Egito. Hydrobiol. 340: 7783.

Ali, M.M., Murphy, K. J. e Langendorff, J. (1998). Inter-relações do tráfego de navios fluviais com plantas aquáticas no rio Nilo, Alto Egito. Actas da Sociedade Europeia de Investigação de Plantas Daninhas, Décimo Simpósio sobre Plantas Daninhas Aquáticas, Lisboa.

Anónimo (2000). Zonas húmidas da costa mediterrânica do Egito: relatório. RAC/SPA para o Centro de Atividade Regional para Áreas Especialmente Protegidas na Tunísia, 197 pp.

Baha El-Din, S.M. (1999). Diretório de aves importantes no Egito. Bird Life International, Suomi, Finlândia.

Baha El-Din, S.M. (2006). A guide to the ereptiles and amphebians of Egypt. Imprensa da Universidade Americana do Cairo. Cairo-Nova Iorque, 359 pp.

Balba, A.M. (1981). Fontes e proteção do solo e da água da costa mediterrânica do Egito. Advances in Soil and Water Research, Alexandria, 73 pp.

Basuony, M.I. (2000). Levantamento ecológico do protetorado natural de Burullus: mamíferos. EEAA, MedWetCoast, Cairo, Egito.

Ben Menachem, A. (1979). Catálogo de terramotos do Médio Oriente (92 a.C. - 1980 d.C.). Boll. Geofisica Teor. Applicata, 21: 245-313.

Bishai, H.M. e Khalil, M.T. (1990). Estimativa da produção piscícola e rendimento potencial no lago Manzala, Egito. Arch. Hydrobiol. 119(3): 331-337.

Boulos, L. (1999). Flora do Egito, Vol. I (Azollaceae - Oxalidaceae). Al Hadara Publ., Cairo, 419pp.

Butzer, K.W. (1976). Early hydraulic civilization in Egypt, a study in cultural ecology. The University of Chicago Press, Chicago, 139pp.

Coutellier, V. e Stanley, D.J. (1987). Estratigrafia quaternária tardia e paleogeografia do delta oriental do Nilo, Egito. Marine Geol. 27: 257275.

Dale, H.M. e Miller, G.E. (1978). Changes in the aquatic macrophyte flora of Whitewater Lake near Sudbury, Ontario from 1947-1977. The Canadian Field-Naturalist, 97: 264-270.

Davis, T.J. (1994). O manual da Convenção de Ramsar: A guide to the convention on wetlands of international importance especially as waterfowl habitat. Gabinete da Convenção de Ramsar, Gland, 207 pp.

Dowidar, N.N. e Abdel Moati, R.A. (1983). Distribuição de sais nutrientes no Lago Manzala (Egito). Rapp. Comm. Int. Mer. Medit., 28: 6.

Eid, E.M., Keshta, A.E., Shaltout, K.H., Baldwin, A.H. e SharafEl-Din, A.A. (2017). Potencial de sequestro de carbono dos cinco lagos mediterrânicos do Egito. Fundam. Appl. Limnol. 190/2: 87-96.

Eid, E.M. e Shaltout, K.H. (2013). Avaliação da potencialidade de sequestro de carbono do Lago Burullus, Egito, para mitigar as alterações climáticas. Egito. J. Aquat. Res. 39: 31-38.

El-Bana, M.I. (2003). Efeitos ambientais e biológicos na composição da vegetação e na diversidade vegetal do ameaçado Deserto Costeiro Mediterrânico da Península do Sinai. Tese de doutoramento, Faculteit Westenschappen, Universteit Antwerpen, Antuérpia, 150 pp.

El-Bayomi, G.M. (1999). Lago Burullus: um estudo geomorfológico. Tese de doutoramento, Fac. Arts, Helwan Univ. (Em árabe), 328 pp.

El-Hissy, F., Ali, E. e Abdel-Raheem, A. (2004). Diversidade de fungos zoospóricos recuperados da água superficial de quatro lagos egípcios. Ecohydrol. Hydrobiol. 4(1): 77-84.

El-Maghraby, A.M. Wahby, S.D. e Shaheen, A.H. (1963). The ecology of zooplankton in Lake Manzala. Notes and Memoirs, No. 70.

El-Raey, M., Frihy, O., Nasri, S.M. e Dewidar, K.H. (1999). Avaliação da vulnerabilidade da subida do nível do mar na província de Port Said, Egito. Environ. Monit. Assess. 56: 113-128.

El-Sabrouti, M.A. (1990). Textura, química e mineralogia dos sedimentos de fundo do lago Manzala, Egito. Bull. Fac. Sci. Alexandria Univ., Alexandria, 30(A): 270-249.

Elshenawy, N.M., Ibrahim, N.K., Sharaf, G.M. e Mohammed, S. (2015). Estudos ecológicos da fauna macrobêntica do Protetorado de Ashtoum El-Gamil, Port Said. Egito. J. Aquat. Biol. Fish. (19)4: 69-75.

El-Sherif, Z.M., Aboul Ezz, S.M. e El-Komi, M.M. (1994). Efeito da poluição na produtividade do lago Manzala (Egito). Int. Conf. Future Aquat. Resour. in Arab Region, 159-169.

El-Sherif, Z.M. (1993). Cultura permanente de fitoplâncton, diversidade e análise estatística multi-espécies no lago Burullus, Egito. Bull. Inst. Inst. Ocean. Fish. 19: 213-233.

El-Sherif, Z.M. e Gharib, S.M. (2001). Padrões espaciais e temporais das comunidades de fitoplâncton na lagoa Manzalah. Bull. Nat. Inst. Oceanog. Fish. SÃO, 27: 217-239.

Emery, K.O., Aubrey, D.G. e Goldsmith, V. (1988). Neo-tectónica costeira do Mediterrâneo a partir de níveis maregráficos. Marine Geol. 81: 41-52.

Essa, D.I. (2013). Diversidade de algas dos lagos do norte do Egito. Tese de Mestrado, Fac. Sci., TantaUniversity.

Ezzat, A.I. (1989). Estudos sobre o fitoplâncton em algumas zonas poluídas do lago Manzala. Bull.-Nat. Inst. Ocean. Peixe, ARE. 15(1): 1-19.

Finlayson, M. e Moser, M. (eds.) (1992). Wetlands. Facts on File. Oxford, 224 pp.

Finlayson, M., Hollis, T. e Davis, T. (1992). Gestão das zonas húmidas mediterrânicas e das suas aves. IWRB Spec. Publ. No. 20, Slimbridge, 285 pp.

Fishar, M.R., El-Damhogy, K.A., Mola, H.R., Hegab, M.H. e Abd El- Hameed, M.S. (2015). Aplicação de alguns índices bióticos de invertebrados macrobentónicos para avaliar a qualidade da água do Lago Manzala, Egito. Egito. J. Aquat. Biol. Fish. 19(2): 29-41.

Flower, R.J. (2001). Change, stress, sustainability and aquatic ecosystem resilience in North African Wetland Lakes during the 20th Century: an introduction to integrated biodiversity within the CASSARINA Project. Aquat. Ecol. 35: 261-280.

Frihy, O. (1988). Alterações na linha de costa do Delta do Nilo: estudo fotográfico aéreo de um período de 28 anos. J. Coast. Res. 4: 597-606.

Frihy, 0., Khafagy, A., El Fishawy, N. e Fanos, A.M. (1990). Identificação da costa do Delta do Nilo e avaliação de fontes de areia offshore para alimentação de praias. In: Quelennec, R.E., Eroulani, E. e Michon, G. (eds.), Littoral 1990, Eurocoast, Marseille, 724-728.

Gab Allah, M.M. (1990). Estudos ecológicos sobre o fitoplâncton no Lago Manzalah - Tese de Doutoramento, Fac. Sci., Suez Canal Univ., Ismailia, Egito.

GAFRD (2000). A Autoridade Geral para o Desenvolvimento dos Recursos Haliêuticos. YearBook of Fishery Statistics, Cairo.

Galal, T.M. (2005). Flora e vegetação dos lagos do norte do Egito. Tese de doutoramento, Fac. Sci., Helwan Univ., Cairo, Egito 285 pp.

Galal, T.M., Shaltout, K.H. e Hassan, L.M. (2012). Os lagos do norte do Egito: diversidade de habitat, vegetação e importância económica. LAP Lambert Academic Publishing Gmbh & Co.KG. ISBN: 978-3-65910531-9.

Guerguess, S.K. (1993). Distribuição de alguns rotíferos nas águas interiores do Egito. Boletim do NIOF, 19: 249-275.

Guerguess, S.K. (1979). Estudo ecológico do zooplâncton e distribuição da macrofauna no lago Manzalah. Tese de Doutoramento, Fac. Sci., Alexandria Univ., Egito 316pp.

Haslam, S.M. (1976). Plantas de rio. In: The Macrophytic Vegetation of Watercourses. Cambridge Univ. Press, Cambridge, 390 pp.

Hegab, M.H. (2010). Estudos ecológicos sobre o zooplâncton e as relações entre eles e o alimento e a alimentação de alguns peixes no braço de Rosetta (rio Nilo), Egito. Tese de

Mestrado, Fac. Sci., Al-AzharUniv., Cairo, Egito.

Hoath, R. (2003). Um guia de campo para os mamíferos do Egito. Universidade Americana em Cairro Press. Cairro - Nova Iorque, 236 pp.

Hollis, GE. (1992). Implicações das alterações climáticas na bacia mediterrânica: Garact Ichkeul e Lac de Bizerta, Tunísia. In: Jeftic L., Milliman JD. e Sestini G. (eds.), Climate change and the Mediterranean. UNEPZEdwardAmold, 602-665.

Hussain, M.M. (1994). Deteção remota de algumas condições ambientais no Lago Burullus. Tese de Mestrado, Inst. Grad. Stud. Res., Alexandria Univ., Egito 208 pp.

Hussein, K.A. (1997). Estudos ambientais do lago Manzala, aspeto geológico e ambiental da região costeira, 9 pp.

Ibrahim, A.E. (1997). Estudos sobre o fitoplâncton em algumas zonas poluídas do Lago Manzalah. Bull. Nat. Inst. Oceanog. Peixes. ARE, 15: 1-19.

Inman, D.L. e Jenkins, S.A. (1984). A célula litoral do Nilo e o impacto do homem na zona litoral costeira do sudeste do Mediterrâneo. Proc. 17th Int. Coastal Eng. Conf., ASCEZSydney, 1600-1617.

Kassas, M. (2004). Estratégia nacional para as zonas húmidas e plano de ação para o Egito. Preliminary Draft, EEAA, projeto MedWetCoast, 69 pp.

Khairy, H.M., Shaltout, K.H., El-Sheekh, M.M. e Eassa, D.I. (2015). Diversidade de algas dos lagos mediterrânicos no Egito. Int. Conf. Advances in Agricultural, Bilogical & Environmental Sciences, Londres, Reino Unido: 147154.

Khalaf, F. (2001). Reutilização de águas de drenagem e projectos-piloto. Relatório técnico n.º DR. TR. 0108-04-FN, NAWQAM.

Khalifa N, Mageed A, 2002. Alguns aspectos ecológicos do zooplâncton no lago Manzala, Egito. Egito. J. Zool. 38: 293-307.

Khalil, M.T. e Shaltout, K.H. (2006). Lago Bardawil e área protegida de Zaranik. Publicação da Unidade Nacional de Biodiversidade n.º 15, EEAA, Cairo.

Khalil, M.T., e Salib, A.E. (1988). Efeito de alguns parâmetros de qualidade da água na composição e produtividade dos peixes no lago Manzala, Egito. Proc. Zool. Soc. Egypt. 12: 101-109.

Khalil, M.T. (1990). Plâncton e produtividade primária do Lago Manzala, Egito. Hydrobiol. 196: 201-207.

Khalil, M.T. e El-Awamri A.A. (1988). Organismos de plâncton como bio-indicadores de poluição orgânica na zona sul (El-Genka) do Lago Manzala, Egito. Proc. 1st nat.conf. sobre estudos e investigação ambiental.

Khedr, A.A. (1997). Distribuição de macrófitas aquáticas no lago Manzala, Egito. Int. J. Salt Lake Res., 5: 221-239.

Klemas, V. e Abdel Kader, A.M. (1982). Deteção remota de processos costeiros com ênfase no Delta do Nilo. Proc. Int. Symp. on Remote Sensing of Enviroment, Cairo, 27 pp.

Kumolu-Johnson, C.A. and Ndimele, P.E. (2011) A review on post-harvest losses in artisanal fisheries of some African countries. J. Fish. Aquat. Sci. 6: 365-378.

Lane Associates Limited (1992). Terras húmidas egípcias artificiais. Um relatório preparado para o Programa das Nações Unidas para o Desenvolvimento (PNUD).

MacLaren Engineers, Planners and Scientific Inc., 1982. Estudo do Lago Manzala. EGY/76/001-07, Relatório final para a República Árabe do Egito, Ministério do Desenvolvimento e das Novas Comunidades e Gabinete do PNUD para a Execução de Projectos. Toronto, Canadá.

Mageed, A.A. (2008). Distribuição e alterações históricas a longo prazo dos conjuntos de zooplâncton no lago Manzala (sul do Mediterrâneo, Egito). Egito. J. Aquat. Res. 33(1): 183-192.

Mahmoud, Y.A. e Abou Zeid, A.M. (2002). Fungos zoospóricos isolados de quatro lagos e a absorção de resíduos radioactivos. Mycol. 30(2): 76-81.

Manohar, M.I. (1981). Processos costeiros na costa do Delta do Nilo. Shore and Beaches 49: 8-15.

Marx, H. (1968). Checklist of the reptiles and amphibians of Egypt. Publicação especial, Unidade de Investigação Médica Naval dos Estados Unidos Número Três, Cairo, Egito.

Meininger, P.L. e Atta, A.M. (1990). Estudos ornitológicos nas zonas húmidas do Egito 1989-1990. Relatório preliminar, 42 pp.

Meininger, P.L, Sorensen, U.G. e Atta, G.A. (1986). As aves nidificantes dos lagos do Delta do Nilo. Sandgrouse 7: 1-20.

Meininger, P.L. e Mullié, W.C. (1981). The significance of Egyptian wetlands for winering waterbirds. Holy Land Conservation Fund, Nova Iorque.

Mola, H.R. (2011). Distribuição sazonal e espacial de Brachionus (Pallas, 1966; Eurotatoria: Monogonanta: Brachionidae), um bioindicador de eutrofização no lago El-Manzalah, Egito. Biol. Medici. 3 (2): 60-69.

Munawar, M. (1972). Estudos ecológicos de Eugleninae em certos ambientes poluídos e não poluídos. Hydrobiol. 39: 307-320.

Odum, E.P. (1971). Fundamentals of ecology, 3rd edn. Sanders College Publications, Filadélfia, Pensilvânia.

Osborn, D. e Helmy, I. (1980). The contemporary land mammals of Egypt (including Sinai). Fieldiana Zool, Nova Série, Nº 5.

Palmer, C.P. (1969). Uma classificação da composição das algas que toleram a poluição orgânica. Jour. Phycol. 5: 78-82.

Plan Blue (2016). Avaliação do serviço de sequestro de carbono, Lago Burullus, Egito. Relatório não publicado, Plan Blue, Tour du Valat, França.

Porter, R. e Cottridge, E. (2001). A photographic guide to birds of Egypt and the Middle East (Guia fotográfico das aves do Egito e do Médio Oriente). The American University in Cairo Press, Cairo.

Raven, P.H., Berg, L.R. e Tohnson, G.B. (1995). Water pollution in: environment. Sounders College Publishing, Harcourt Brace Javanovich Collidge Publ., 593 pp.

Reinhardt, E.G., Stanley, D.J. e Schwarcz, H.P. (2001). Dessalinização da lagoa Manzala, Delta do Nilo, Egito, induzida pelo homem: provas da análise isotópica de invertebrados bentónicos. J. Coast. Res. 17(2): 431-442.

Saleh, M.A. (1997). Amphibians and reptiles in Egypt. Publicação da Unidade Nacional de Biodiversidade n.º 6, EEAA, Cairo.

Sestini, G. (1991). Implicações das alterações climáticas para o Delta do Nilo. In: Jeftic, L., Milliman, J.D. e Sestini, G. (eds.), Climatic change and the Mediterranean, EdwardArnold, Ltd. Londres, 535-601.

Sestini, G. (1989). Ambientes deposicionais e história geológica do Delta do Nilo. In: Whateley, K.G. e Pikering, K.T. (eds.), Sites and traps for fossil fuels deltas. Geol. Society Spec. Publs. 41: 99-127.

Shakweer, L.M. (2005). Desenvolvimento ecológico e pesqueiro do Lago Manzala (Egito). Egpt. J. Aquat. Res. 31(1): 251-271.

Shaltout, K.H., Hosni, H.A., El-Kady, H.F., El-Beheiry, M.A. aand Shaltout, S.K. (2016). Composição e padrão de espécies exóticas na flora egípcia. Flora222: 104-110.

Shaltout, K. e Galal, T. (2007). Ecossistema do Lago Manzala. Projeto de Gestão Integrada da Zona Costeira da Área de Port Said. Fac. Agric., Universidade de Zagazig, Zagazig, Egito.

Shaltout, K.H. e Khalil, M.T. (2005). Lago Burullus (Área Protegida de Burullus). Publicação da Unidade Nacional de Biodiversidade n.º 13, EEAA, Cairo.

Shaltout, K.H. e Al-Sodany, Y.M. (2000). Phytoecology of Lake Burullus site. MedWetCoast, Global Environmental Facility (GEF) & EEAA, Cairo. 107pp.

Shaltout, K.H. e Galal, T.M. (2006). Estudo comparativo sobre a diversidade vegetal dos lagos do norte do Egito. Egito. J. Aquat. Res. 32 (2): 254-270.

Shaltout, K.H., SharafEl-Din, A. e Ahmed, D.A. (2010). Vida vegetal no Delta do Nilo. Imprensa da Universidade de Tanta, Tanta. 232 pp.

Smith, S.E. e Abdel Kader, A. (1988). Erosão costeira ao longo do Delta do Egito. J. Coast. Res. 4: 245-255.

Stanley, D.I. (1988). Subsidência no nordeste do Delta do Nilo: taxas rápidas, possíveis causas e consequências. Sci. 240: 497-500.

Sultan, M., Fiske, M., Stein, T., Gamal, M., Hady, Y.A., El-Araby, H., Madani, A., Mehancee, S. e Becker, R. (1999). Monitoring the urbanization of the Nile Delta, Egypt (Monitorização da urbanização do Delta do Nilo, Egito). Ambio. 28: 628-631.

Summerhayes, C., Sestini, G., Misdrop, R. e Marks, N. (1978). Delta do Nilo: natureza e avaliação do sistema de sedimentos da plataforma continental. Marine Geol. 24: 37-47.

Tackholm, V. e Drar, M. (1950). Flora do Egito. II. Bula. Fac. Sci. Fouad, I. Univ., 28: 59-145.

Talling, J.F. e Lemoalle, J. (1998). Ecological dynamics of tropical inland waters, Cambridge

UniversityPress, Cambridge, 82-117.

Tetratech (1986). Plano diretor de proteção costeira para o Delta do Nilo. Relatório para a Autoridade de Proteção Costeira, Ministério da Irrigação, Cairo.

Tharwat, M.E. (1997). Birds known to occur in Egypt. Publicação da National BiodiversityUnitNo. 8, EEAA, Cairo.

Tharwat, M.E. e Hamied, W.S. (2000). Birds of Burullus: biodiversity and present status. EEAA, MedWetCoast, Cairo, Egito.

Tilman, D., Kieling, R., Sterner, R., Kilham, S.S. e Johnson, F.A. (1986). Green-blue algae and diatoms; taxonomic differences in competitive ability for phosphorus, silicon andnitrogen. Arch. Hydrobiol. 106: 473-485.

Tousson, O. (1934). Memoire sur les ancienne branches du Nil. Mem de la Soc. Geogr. dEgypte, Cairo, 4, 144 pp.

Udeze, A.O., Talatu, M., Ezediokpu, M.N., Nmwanze, J.C., Onoh, C. e Ononko, I.O. (2012) O efeito da *Klebsiella pneumonia* no peixe-gato (*Clarias gariepinus*). Investigador4: 51-59.

PNUD (1997). Documento de projeto-Lake Manzala engineered wetland, Nações Unidas

UNDP/UNESCO 1978. República Árabe do Egito: estudos de proteção costeira. PNUD/EGY/73/063 Relatório Final, FNR/SC/OSP/78/230.

UNESCO (1977). Mapa da distribuição mundial das regiões áridas. Notas técnicas do MAB 7.

Wahby, S.D., Youssef, S.F. e Bishara, N.F. (1972). Estudos complementares sobre a hidrografia e a química do lago Manzala. Bull. Nat. Inst. Ocean. Fish. 2 pp.

Wassif, K. (1995). Guia de mamíferos dos protectorados naturais do Egito. Unidade Nacional de Biodivesidade. No. 4, Egito. Envir. Aff. Agency (EEAA), Cairo, 85 pp.

Woodward, G.M. (1984). Pollution control in the Humber Estuary (Controlo da poluição no estuário do Humber). Water Pollution Control 83(1): 82-90.

Zahran, M.A., Abu Ziada, M.E., El-Demerdash, M.A., e Khedr, A.A. (1989). Uma nota sobre as ilhas de vegetação no Lago Manzala, Egito. Vegetatio 85: 83-88.

Zahran, M.A. e Willis, A.J. (2009). The vegetation of Egypt, second edn. Springer, Heidelberg.

Zaky, M.M. e Ibrahim, M.E. (2017). Rastreio da biota bacteriana e fúngica associada a *Oreochromis niloticus* no Lago Manzala e o seu impacto na saúde humana. Saúde 9: 697-714.

Printed by Books on Demand GmbH, Norderstedt / Germany